宁波市
精细化气候资源分布特征

NINGBOSHI JINGXIHUA QIHOUZIYUAN FENBU TEZHENG

周福　姚日升　丁烨毅　顾思南　◎　著
胡波　涂小萍　黄鹤楼

气象出版社
China Meteorological Press

内容简介

本书主要阐述了 2006—2014 年宁波精细化气候资源分布特征及主要气象灾害发生发展的规律,并在此基础上推算面向乡镇(街道)的不同重现期的重大灾害性天气气象要素值,开展主要气象灾害风险区划、宁波气候变化特征分析和未来气候变化趋势预测,为合理开发利用气候资源、制定经济发展战略提供科学依据。

本书资料可靠、实用性强,可供宁波市各级政府、相关行业部门的决策管理及技术人员和相关领域的科研人员参考使用。

图书在版编目(CIP)数据

宁波市精细化气候资源分布特征/周福等著.--北京:气象出版社,2016.5
ISBN 978-7-5029-6127-5

Ⅰ.①宁… Ⅱ.①周… Ⅲ.①气候资源-资源分布-特征-宁波市 Ⅳ.①P468.255.3

中国版本图书馆 CIP 数据核字(2016)第 022175 号

Ningboshi Jingxihua Qihou Ziyuan Fenbu Tezheng

宁波市精细化气候资源分布特征

周福　姚日升　丁烨毅　顾思南　胡波　涂小萍　黄鹤楼　著

出版发行:气象出版社

地　　址:北京市海淀区中关村南大街 46 号　　　　　邮政编码:100081
电　　话:010-68407112(总编室)　010-68409198(发行部)
网　　址:http://www.qxcbs.com　　　　　　E-mail:qxcbs@cma.gov.cn
责任编辑:张锐锐　孔思瑶　　　　　　　　　　终　　审:邵俊年
责任校对:王丽梅　　　　　　　　　　　　　　责任技编:赵相宁
封面设计:明　浩
印　　刷:北京中科印刷有限公司
开　　本:710 mm×1000 mm　1/16　　　　　　　印　　张:10.5
字　　数:220 千字
版　　次:2016 年 5 月第 1 版　　　　　　　　　印　　次:2016 年 5 月第 1 次印刷
定　　价:60.00 元

序

　　气候是人类赖以生存的最重要的自然资源之一,适宜的气候环境在我们的文化、健康、休闲和社会发展中起着不可替代的作用。与气候因素直接相关的水资源问题、局部地区洪涝问题,以及台风、暴雨、寒潮等气象灾害和由此引发的泥石流、滑坡等次生灾害问题,每年都会给宁波市的国民经济建设和人民生命财产带来极大危害。俗话说"一方水土养一方人"主要指的就是气候、环境对人类生存、文化与发展的直接影响。深刻认识气候资源与经济社会发展的关系,全面掌握气象灾害的发生规律,科学应对气候变化产生的影响,充分考虑宁波市进入全国大城市第一方队的环境制约因素,可以为我们的生存发展创造更多机遇并提供良好条件,实现人与自然的和谐发展。

　　宁波市的气象观测始于1953年,迄今已逾60年,但到21世纪初全市仍只有8个气象站,远不能满足气候资源精细化分析的需要。2005年起宁波区域气象站建设飞速发展,宁波市气象局的科技工作者敏锐地抓住这一有利条件,采用最新的技术对宁波气候资源进行了精细化分析,对未来50年的气候变化进行了展望,并汇集了宁波市气象部门近年来的最新研究成果,分析了城市大气污染、环境气象特点,以可持续发展理论为指导,提出了人们适应和减缓气候变化的各种对策,形成了《宁波市精细化气候资源分布特征》一书,这是宁波市第一部关于气候资源精细化分析的专著,特作序致贺。

　　该书的出版将为宁波市开发利用气候资源和经济建设趋利避害提供科学依据,衷心希望读者能在本书中获得有用的知识和信息,为推进五水共治，保护绿水青山，为宁波市的国民经济建设、长远规划和可持续发展发挥积极的促进作用。

宁波市副市长

2015 年 11 月 18 日

前　言

宁波市地处中国东海之滨，西倚四明山区，依山傍水，属亚热带季风气候区，四季分明，光照充足，常有台风、暴雨、暴雪、强对流、高温酷暑、低温冰冻、大风、雾霾等各种强影响天气和灾害性天气，给社会经济造成较大影响和损失。

宁波市境内地形复杂、气候多变，但气候资源类型繁多，形成多样化的生物生态环境，蕴藏着丰富的生物资源，为农林牧副渔多种经营、综合开发利用提供了先决条件。气候是纬度、经度、海拔高度、地形、植被等多种因子综合影响的结果，其中以海拔高度和坡向影响最为明显。随着社会经济的迅速发展，资源综合开发利用已成为工作重点之一。

2005 年以来，宁波陆续建立 300 多个自动气象站，大大提高了气象观测站点的分辨率。本书所用资料站点有两类：一类是具有长年代资料的宁波辖区内 8 个国家气象观测站，即鄞州站、慈溪站、余姚站、北仑站、奉化站、宁海站、象山站和石浦站；另一类是区域气象站 300 余个。本书所用气象站为累计观测达 7 年的站点，共有 146 个。

本书主要叙述宁波精细化气候资源分布，研究评价气候资源、宁波主要气象灾害发生发展的规律及气象灾害风险区划分布，分析宁波气候变化特征，并对未来气候变化趋势进行了预测。本书的出版，旨在使人们对宁波气候及其变化特征等有一个综合的认识，为合理开发利用气候资源、制定经济发展战略提供科学依据，其中考虑精细化分布特征分析的需要，宁波市主要气象要素和极端天气气候事件区域分布仅采用 2006—2014 年数据。统计分析中常年平均值均按国际标准，采用 1981—2010 年 30 年的统计平均值，正文中气象要素单位采用国际单位制。

参加本书编写的人员众多，并且多是利用业余时间完成。由于编者水平有限，书中难免存在不妥或者错误之处，敬请读者批评指正。

作　者

2015 年 12 月

目　录

第1章
宁波市自然地理特征及气候概况

1.1　自然地理特征

宁波简称甬,位于中国大陆海岸线的中段,长江三角洲的东南隅,宁绍平原东端,浙江省东北部的东海之滨,即东经 120°55′～122°16′,北纬 28°51′～30°33′。北临钱塘江、杭州湾,西接绍兴市的上虞、嵊州、新昌,南濒三门湾,陆域南缘与台州市的三门、天台接壤,东与舟山市(舟山群岛)隔海相望。市境陆域东西宽 175 km,南北长 192 km,总面积 9365 km²,其中市区面积 1033 km²,下辖六区三市(县级市)二县,即海曙区、江东区、江北区、鄞州区、北仑区、镇海区,慈溪市、余姚市、奉化市、宁海县、象山县。

境内多为丘陵山区,地势整体呈西南高东北低走势,高程差约 1000 m,市区海拔4.0～5.8 m,郊区海拔 3.6～4.0 m。地貌分为山脉、丘陵、盆地和平原等,其中山脉面积占 24.9%、丘陵占 25.2%、盆地占 8.1%、平原占 40.3%。境内主要有四明山和天台山两支山脉;四明山是天台山脉的支脉,位于宁波境内的西部,横跨本市余姚、鄞州、奉化三县(市、区),并与嵊州、新昌、天台连接,称为西部山区,四明山脉山峦起伏,蜿蜒连绵,危崖壁立,森林茂密;天台山主干山脉在天台县,宁波境内为其余脉,有 4 大分支从宁海县西北、西南入境,经象山港延至镇海、鄞州东部诸山,称为西南山区。境内最高峰位于余姚市四明山镇青虎湾岗,海拔 979 m;其次是奉化市溪口镇黄泥浆岗,海拔 978 m;第三高峰位于宁海县双峰镇望海岗,海拔 931 m。

宁波拥有漫长的海岸线,港湾曲折,岛屿星罗棋布,海域总面积为 9758 km²,岸线总长为 1562 km,其中大陆岸线为 788 km,岛屿岸线为 774 km,占浙江省海岸线的三分之一;境内有两港一湾,即北仑港、象山港和杭州湾,有大小岛屿 531 个,面积524 km²。

宁波水系是浙江省八大水系之一。境内河流有余姚江、奉化江、甬江,主河道全长 229 km。余姚江发源于上虞市梁湖,奉化江发源于奉化市斑竹。余姚江、奉化江在市区"三江口"汇成甬江,流向东北,经镇海招宝山入东海。

1.2 气候概况

宁波地处北亚热带湿润型季风气候区,气候温和湿润,四季分明,冬夏季风交替明显,雨量丰沛。冬季主要受西风带冷空气控制,夏季则受副热带高压、台风和西南气流影响,多异常天气。冬夏长(各约 4 个月)、春秋短(各约 2 个月);若以平均气温 >22℃ 为夏季,<10℃ 为冬季、10~22℃ 为春秋两季这一标准划分,一般在 3 月第三候入春,5 月第六候进夏,9 月第六候入秋,12 月第一候入冬。

宁波年平均气温在 16.7~17.2℃ 之间,平均气温以 7 月最高,在 27.0~28.9℃ 之间,1 月最低,在 4.7~6.0℃ 之间;无霜期一般为 230~240 d,作物生长期为 300 d,适宜于粮、棉、油料等作物的生长;年平均降水量为 1400~1700 mm,山地丘陵一般要比平原多三成,主要雨季为 3—6 月的春雨和梅雨和 8—9 月的台风雨和秋雨,主汛期 5—9 月占全年降水量的 60%;年平均日照时数为 1750~1950 h,空间上表现出"西北部和东部沿海相对多、中间少"的分布特征。

由于宁波市倚山靠海,特定的地理位置和特殊的地形特征,多受大陆气团和海洋环流的共同影响,形成了天气复杂多变、各地气候差异明显、气候类型多样、气候资源丰富、灾害性天气种类多且发生频繁的气候特点。各海岛具有气温年较差小、冬暖夏凉的海洋性气候特色,气候湿润、光照条件较好、风力资源丰富,但易受台风影响;西部山区则立体气候特征明显,光照、气温、降水随高度变化显著,水资源相对丰富,但也极易发生洪涝或干旱;平原地区受季风影响明显,易出现干旱缺水等灾害。宁波市主要灾害性天气有低温连阴雨、高温、干旱、台风、暴雨、洪涝、冰雹、雷雨、大风、霜冻、寒潮等。

第 2 章

宁波市区域气象站分布
及数据订正方法

宁波市区域气象站建设始于 2005 年,至 2015 年全市区域气象站已达 300 余个,平均密度小于 6 km,重点服务区域密度小于 3 km,为分析宁波市主要气象要素精细化空间分布特征奠定了扎实的数据基础。

2.1 区域气象站分布

由于区域气象站建站时间不同,而参与气象要素空间分布特征分析的区域气象站需一定时间的数据积累,因此仅选取建站时间在 2008 年 1 月 1 日之前的区域气象站,具体站数为 146 个,各县、市(区)气象站分布见图 2.1,气象站数见表 2.1,平均区域密度约 10 km。

表 2.1 宁波各县(市、区)区域气象站分布情况

地区	余姚	慈溪	奉化	宁海	象山	鄞州	镇海	北仑	市三区
站数	20	15	16	21	28	18	5	12	11

注:市三区包括海曙区、江东区、江北区。

2.2 数据订正方法

数据订正工作主要针对小时、日等异常值剔除,及对因缺测或剔除等原因造成的空缺数值的插补,并根据数据来源设置可信度标识(表 2.2),具体步骤如下:

步骤一:小时观测值合理性检查。设定逐月观测要素正常范围,超出视为缺测。

步骤二:分要素插补小时数据,并建立日数据表。

极端气温:若某站极端气温小时序列有缺测,判断周边最近 N 站(M km 内,少于 N 站,按实际站数,多于 N 站,按站距选取 N 站,下同)的极值取值时间,取 N 站的最早和最晚时间(若周边站无完整时次极端气温序列,即无法取得周边站极端气温极值出现时间时,极端气温极值时间区间为默认设置),在时间区间前后各扩展 1 h,若该站有资料,则认为有效(类型 0),若扩展后时间区间内数据存在缺

测,但完整率达75%(18时次),补小时资料(类型1,周边站均值原则),否则视为缺测。

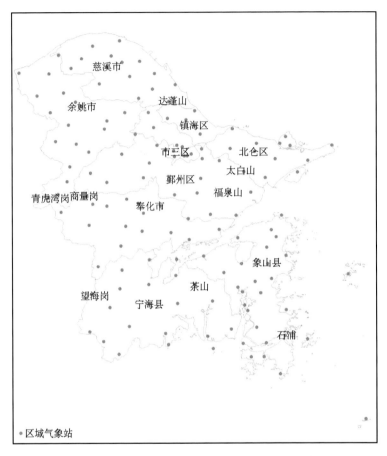

图2.1　2008年1月1日前宁波市区域气象站分布图

表2.2　数据可信度标识说明

数据可信度标识	说明
0	小时观测数据完整
1	小时观测数据完整率达标,部分时次插补
2	参考周边站(类型0),插补日数据
3	参考周边站(类型0、类型1),插补日数据
4	参考周边站(站距扩展),插补日数据
5	参考地区国家站,插补日数据

　　降水:若某站降水缺测,判断缺测时次周边最近N站的降水,若周边站该小时所有资料站均无降水,则认为该小时降水为0且有效,插补后数据序列若完整,则认为

该站有效(类型 0),若不完整,判断完整率≥75%(18 时次),进行小时插补后数据完整(类型 1,均值原则),否则视为缺测。

其他项目:小时数据完整率应≥75%(18 时次),进行小时插补后数据完整(类型 1,均值原则),未达要求算作缺测。

其他规则:满足条件的单一时次订正:除降水外,若某时次缺测,且无法实现空间插补,但其前后时次均有观测,对该时次进行时间订正(前后时次时间插值,最大风、极大风进行紫外光谱(UV)分解处理)。

温度高度订正:按照 $0.6\ ℃ \cdot (100\ m)^{-1}$ 温度随高度递减律,先对插补所用到的周边站点温度订正到本站点所在高度,然后按均值原则插补。

步骤三:插补日数据表。

规则 1:采用缺测站周边最近 N 站,且在 M km 内(针对气温、降水、风项目,其他项目因测站较少不受距离限制)的区域站数据(类型 0、类型 1,站数条件阶梯符合,可信度类型优先:若类型 0 站数满足条件,不考虑类型 1,若不满足,由类型 1 测站按距离递补)为基础进行缺测处理(全由类型 0 补缺的数据为类型 2,有类型 1 参加补缺的数据为类型 3)。

规则 2:针对气温、降水、风项目,当 M km 内的站点数为 0 时,扩大 M 值($M/2$ 的倍数,且在有效站距 L 内),直至存在测站为止,均值原则(类型 4)。

规则 3:有效站距 L 内无测站可参考插补,则由地区国家站数据插补(类型 5)。

第3章
宁波市主要气象要素区域分布特征

气象要素是指表明大气物理状态、物理现象以及某些对大气物理过程和物理状态有显著影响的物理量,主要包括气温、降水、风、湿度、气压、云、蒸发、能见度、辐射、日照以及各种天气现象,其空间分布特征是认识该地区气候特点和评定气候资源的基础,可以为规划和发展经济生产及人们生活提供重要数据依据。

3.1 气温

气温是最重要的气象要素之一,用来表征大气冷暖程度和热量资源的多少,其地理分布和变化特征主要受纬度、海拔高度、海陆分布和太阳辐射等因素影响。气温的差异是造成自然景观和人类生存环境差异的主要因素之一,与人类生活关系非常密切。国际上标准气温度量单位是摄氏度(℃)。

3.1.1 平均气温

平均气温是指某一段时间内,各次观测气温值的算术平均值。根据计算时间长短不同,有日平均气温、候平均气温、旬平均气温、月平均气温和年平均气温等。

宁波市年平均气温基本上呈现西低东高的分布,这与宁波西高东低的地形密切相关,平原地区年平均气温大部分在 16℃ 以上,且差异甚小,山区及半山区为 13～16℃,沿海地区由于海洋对气温的调节作用,气温偏高,在 17℃ 以上;海拔高度 855 m 的宁海望海岗年平均气温仅 13.6℃,为全市最低,其次是海拔高度 710 m 的余姚棠溪 13.8℃。

由图 3.1 可知,全市存在 4 个气温低值区,第一个低温区从余姚西部山区向南伸展到宁海西部,呈狭长的南北向带状分布,第二个低温区位于宁海东部的茶山,第三个低温区位于鄞州东南及其向东、向西延伸的丘陵山地,第四个低温区位于慈溪南部丘陵山地,这与宁波境内主要山脉分布比较吻合。前两个低温区存在明显的气温梯度,后两个低温区气温梯度较弱,这主要是由地形的海拔高度和坡度造成的;另外,平原地区由于近年来城镇化程度较高,年平均气温与宁波三江片中心城区接近,在 17℃ 以上。

相关分析发现,年平均气温与站点海拔高度呈负相关,相关系数为 −0.942,通过 0.01 显著性检验。气温一般随海拔高度线性降低,线性拟合表明:宁波市年平均气温随海拔高度降温率为 0.0053 ℃·m^{-1},即 100 m 降温 0.53℃。

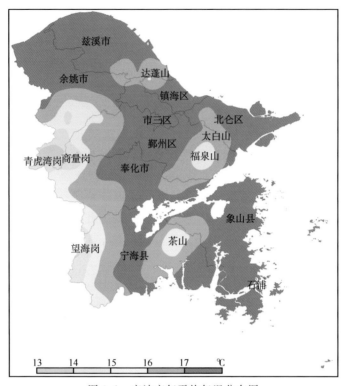

图 3.1　宁波市年平均气温分布图

将 2006—2014 年气温进行月际平均,图 3.2 为宁波市平均气温的月际变化曲线,可见宁波市平均气温的年变化呈单峰型,冬季(12 月至次年 2 月)气温较低,最冷

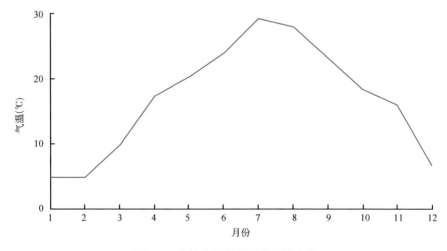

图 3.2　宁波市平均气温的月际变化

月出现在 2 月,主要由于冬季北方冷空气影响和太阳辐射弱。夏季太阳辐射强,气温高,最热月出现在 7 月,7 月年均气温达到 29.2℃;2—7 月,气温逐月升高,8 月起气温逐月下降,下半年"降温"速率与上半年"升温"速率基本接近线性变化,线性拟合相关系数分别达到 4.78℃ 和 4.38℃,升温率和降温率接近。

3.1.2 极端气温

极端气温是指给定时段(如日、月、年等)内所出现的气温极端值,可分为极端最低气温和极端最高气温。

宁波市年平均最高气温(图 3.3a)分布为 17.5～23℃,空间分布与年平均气温地区分布类似,与地形分布密切相关,变化梯度集中在西部山区海拔高度变化大的区域。

宁波极端最高气温(图 3.3b)呈现平原地区高、山区和沿海地区低的分布特征,慈溪、余姚、奉化的平原地区及市六区极端最高气温基本都在 40℃ 以上,西部高海拔山区和象山海岛在 39℃ 以下,其他地区多为 39～40℃。极端最高气温最大值出现在江东区新河路站(图 3.3b 位置),为 43.6℃,最小值出现在宁海望海岗,为 36.3℃;10.6% 的站点曾出现过 43℃ 以上的极端高温,主要分布在奉化和市三区部分地区,61.3% 的站点曾出现过 40～43℃ 的极端高温,主要分布在宁波的平原地区,23.9% 的站点曾出现 38～40℃ 的极端高温。

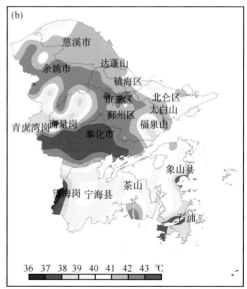

图 3.3　宁波市年平均最高气温(a)及极端最高气温(b)分布图

宁波市年平均最低气温空间分布(图 3.4a)也与年平均气温地区分布类似,与地形分布密切相关,在 9.9～16.4℃ 之间变化。

宁波市极端最低气温(图 3.4b)呈现沿海及海岛地区高、平原地区次之、山区及半山区低的分布特征,沿海及海岛地区极端最低气温基本上在-5℃以上,山区半山区在-9℃以下,其他地区在-9~-5℃之间。极端最低气温最小值出现在余姚森林公园和宁海望海岗,为-12.2℃;最大值出现在象山北渔山站,为-3.5℃;说明海拔高度和海洋对最低气温影响明显,极端最低气温与站点海拔高度的相关系数为-0.636,通过0.01显著性检验。

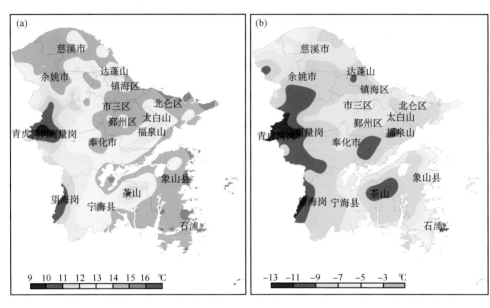

图3.4　宁波市年平均最低气温(a)和极端最低气温(b)分布图

3.1.3　月平均气温

整个冬季(12月至次年2月)各月平均气温空间分布(图3.5)较类似,呈西部山区低、象山沿海地区及海岛高、平原地区差别不大的分布态势。

12月宁波进入冬季,月平均气温全市大部分地区在6~9℃;1月是宁波一年中最冷的月份,全市大部分地区月平均气温在4~6℃;2月是较冷的月份,全市大部分地区月平均气温在5~7℃。

春季(3—5月)是大气环流由冬到夏转换的季节。3月宁波受冷空气影响,气温变化较剧烈,除山区外月平均气温大部分地区在9~11℃;4月平均气温全市大部分地区在14~17℃;5月平均气温全市大部分地区在19~22℃(图3.6)。

夏季(6—8月)平均气温最高,6月平均气温全市大部分地区在23~25℃;7月平均气温全市大部分地区在28~31℃;8月平均气温全市大部分地区在27~30℃(图3.7)。

秋季(9—11月)是大气环流自夏到冬转换的季节。9月平均气温全市大部分地区在23~25℃;10月平均气温全市大部分地区在19~21℃;11月平均气温全市大部分地区在12~16℃(图3.8)。

12月平均气温

次年1月平均气温

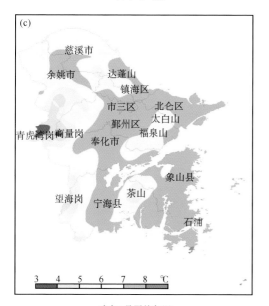

次年2月平均气温

图3.5 宁波市12月(a)、次年1月(b)和
次年2月(c)平均气温分布图

3月平均气温

4月平均气温

5月平均气温

图3.6　宁波市3月(a)、4月(b)和
5月(c)平均气温分布图

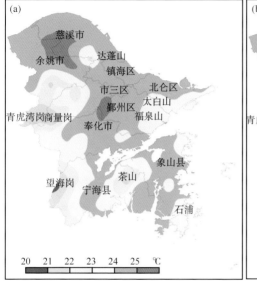

6月平均气温

7月平均气温

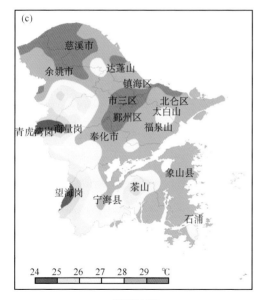

8月平均气温

图3.7 宁波市6月(a)、7月(b)和
8月(c)平均气温分布图

9月平均气温

10月平均气温

11月平均气温

图3.8 宁波市9月(a)、10月(b)和
11月(c)平均气温分布图

3.1.4　气温日较差

气温日较差亦称气温日振幅,是日最高气温与日最低气温的差值。天气状况、海洋、纬度、季节等对气温日较差均有明显影响。

年平均气温日较差是指日最高气温与日最低气温的差值求取年平均值。宁波市年平均气温日较差(图3.9a)在3.7～10.6℃之间变化,总体表现为从沿海向内陆增大的空间分布特征,变化梯度集中在沿海地区,表明内陆地区昼夜气温变化幅度大于沿海地区,主要源于海洋对气温的调节作用,年平均气温日较差最大值出现在奉化塔下,为10.6℃。

宁波市各地最大气温日较差(图3.9b)之间差别较大,沿海地区的日较差极值较小,在20℃以下,其他大部分地区在20～24℃之间,全市最大值为37.3℃,出现在余姚青龙山。

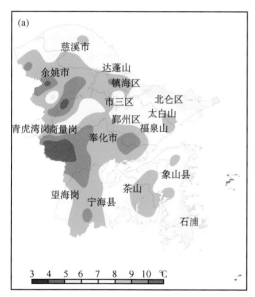

图 3.9　宁波年平均气温日较差(a)和最大气温日较差(b)分布图

3.1.5　气温的影响因子

气温的地理分布及变化特征受到纬度、地形、海陆分布和太阳辐射的综合影响,宁波市境内既有山地,也有平原,属丘陵地貌,地形复杂,且地处东海之滨,其气温分布受地形和海洋的影响极其明显。气温随着海拔高度的增加而降低,高海拔地区的平均温度、最高气温等均较平原地区低;海洋对沿海地区及海岛影响很大,其影响一般是使冬季气温升高,夏季气温降低,从而造成沿海地区及海岛低温日数和高温日数均较其他地区少,当然热岛效应的存在也是造成上述差异的重要原因之一。

3.1.6　城郊气温对比

城市因热岛效应的存在,一般情况下平均气温、最高气温和最低气温均较郊区高,其中最低气温偏高最为明显。由表3.1可见,城市化程度较大的地区,如海曙区、江东区、江北城区、北仑区、鄞州城区、余姚市区、奉化市区等地,城区的平均气温、最高气温、最低气温均比郊区高;而慈溪市区的最低气温反而比庵东低,主要是因为庵东地处杭州湾沿海地区,气温受海洋调节作用影响明显,最低气温偏高;而宁海、象山等地的城区最高气温低于郊区,原因可能是城区站位置相对偏僻,周围环境类似于郊区站,热岛效应不明显。

表3.1　宁波市城郊气温差值表(单位:℃)

所属地		城区站	郊区站	年平均气温差	年最高气温差	年最低气温差
海曙		工程学院	五乡	0.4	0.5	0.9
江东		新河路	五乡	0.5	2.4	0.4
江北	城区	日湖公园	英雄水库	0.2	0.4	2.5
	慈城	慈城	英雄水库	−0.2	1	0.7
镇海		庄市	汶溪	0.4	−0.4	2.3
北仑		新碶	春晓	0.7	0.2	2.9
鄞州	城区	鄞州	瞻岐	0.7	1.4	0.7
	集士港	古林	大隐	0.3	−0.1	1.2
慈溪	市区	慈溪	庵东	0.2	0.5	−1
	观海卫	观海卫	庵东	−0.5	−0.3	−1.4
	周巷	周巷	庵东	0.2	0.5	0.1
余姚	市区	余姚	青港	0.7	0	1.6
	泗门	泗门	青港	0.9	−0.3	2.3
奉化	市区	奉化	金田峤	0.5	1.3	0.9
	溪口	溪口	金田峤	0.5	1.8	1
宁海	县城	宁海	前童	0.2	−0.4	1.1
	西店	西店	前童	0.4	0.1	1.6
象山	县城	象山	银洋	0.1	−0.2	0.5
	石浦	蒲湾	银洋	−0.1	−2.6	2.5

3.2　降水

气象上,降水是指由空中降落到地面上的水汽凝结物,如雨、雪、霰、雹和雨淞等,又称为垂直降水。降水根据其不同的物理特征可分为液态降水和固态降水。液态降水有毛毛雨、雨、雷阵雨、冻雨、阵雨等,固态降水有雪、霰、雹等,还有液态固态混合型降水,如雨夹雪等。

　　降水量是指从天空降落到地面上的液态和固态(经融化后)降水,没有经过蒸发、渗透和流失而在水平面上积聚的深度。它的单位是毫米(mm)。在气象上用降水量来区分降水的强度,可分为:小雨、中雨、大雨、暴雨、大暴雨、特大暴雨、小雪、中雪、大雪、暴雪等。

　　宁波所处纬度常受冷暖气团交汇影响,冬夏季风交替明显,加之倚山靠海,特定的地理位置和自然环境使得天气多变,降水频繁。

3.2.1　年平均降水量

　　宁波的年平均降水时空分布不均,大体表现为南多北少,同时具有山区多平原少的特征,如图 3.10 所示,全市各地年平均降水量普遍在 1400~1600 mm 之间,主要有三个大值中心,分别位于余姚四明山区、宁海西部山区和象山西北部与宁海接壤处,这种分布形态与宁波的地形分布非常一致,前人的研究也表明,宁波的年降水量与海拔高度之间存在很好的正相关关系。事实上,四明山区和天台山余脉沿象山港两岸降水量确实较大,海拔 200 m 以上地区的年降水量基本在 1600 mm 以上。最大降水量出现在宁海黄坛,年平均降水量达到 1964.5 mm,余姚丁家畈次之,为 1913.6 mm;最小降水量出现在象山昌国、南韭山和北仑春晓,均不足 1300 mm;最大与最小降水量相差 600 mm 以上。

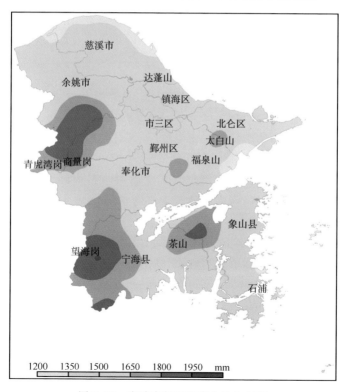

图 3.10　宁波市年平均降水量分布图

3.2.2 降水量的月际变化

由图 3.11 可见,除 6、8、9 月外,其余各月降水量相差不大。6—9 月四个月的降水量占全年总降水量的 50% 左右,称为主汛期降水;其中,最多的是 6 月,占 16%,表明梅汛期降水量对全年总降水量的贡献较大;其次为 8 月,占 14.3%,9 月降水量占 11.5%,主要原因是 8—9 月受台风影响增多。

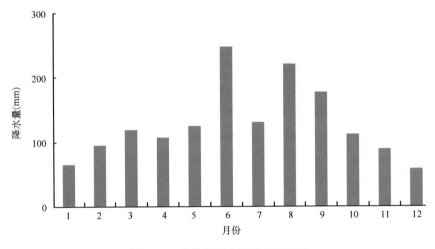

图 3.11　宁波市降水量的月际变化

3.2.3 逐月降水量的空间分布

宁波每个月的降水量分布形态都不尽相同。具体来看,1月(图 3.12)和2月(图 3.13)的降水量分布形态非常相似,都呈北多南少的特征,原因与1—2月宁波主要受冷空气影响有关。宁波市冬季降水往往与冷空气相伴,较弱的冷空气影响位置常常偏北,从而北部降水相对较多。降水量分析,北部地区1月降水量都在 70 mm 以上,大值区主要集中在余姚四明山区和北仑地区,2月降水量大部分地区超过 100 mm,大值区集中在慈溪、余姚地区;而南部地区1月降水量普遍不足 70 mm,2月降水量在 100 mm 以下,且越往南越少。

3月开始南方的暖气团开始活跃,并逐渐向北推进,表现在天气系统上为宁波既可能受到来自北方的冷空气影响,也开始受到南方暖气团影响,表现在降水量上(图 3.14)分布比较均匀,总体在 100~130 mm 之间,仅在余姚南部和鄞州东南部有两个大值中心,最大值在 160 mm 左右。

4月开始影响宁波的暖气团势力强于冷气团势力,降水量(图 3.15)分布与1月、2月正好相反,呈现南多北少特征,象山港以南地区和象山港以北沿岸地区以及四明山区降水量都超过 100 mm,其他地区均在 100 mm 以下。山区雨量开始呈现出降水中心的空间特性,表现出地形对降水的增幅作用。

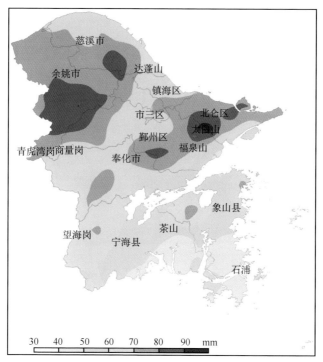

30   40   50   60   70   80   90   mm

图 3.12 宁波市 1 月平均降水量分布图

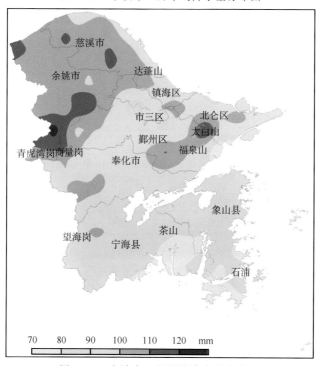

70   80   90   100   110   120   mm

图 3.13 宁波市 2 月平均降水量分布图

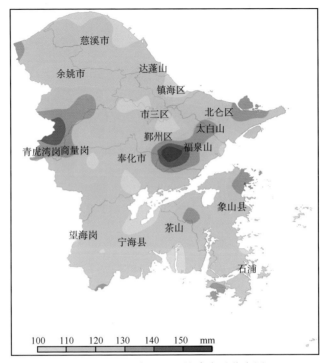

图 3.14　宁波市 3 月平均降水量分布图

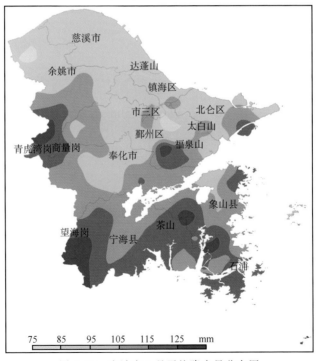

图 3.15　宁波市 4 月平均降水量分布图

与4月降水量空间分布型相似,5月降水量(图3.16)仍然呈现南多北少的态势,最大中心位于宁海西部山区,达160 mm左右;次大中心在象山港以南地区和余姚四明山区,均超过130 mm;其他地区基本在100～130 mm之间。

4—5月的降水多是由于南方暖气团向北发展影响宁波的结果,与1—2月降水影响系统为冷空气相比,水汽相对充足,降水过程中地面常常伴有倒槽向北发展,宁波位于倒槽北侧的偏东或东南气流中,西部山区的地形降水增幅作用明显表现出来。

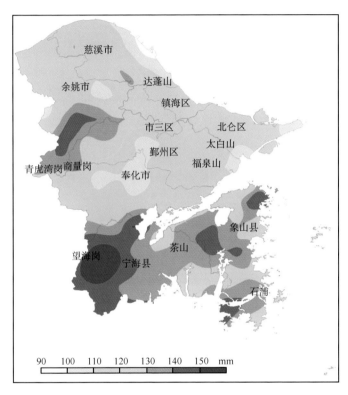

图3.16 宁波市5月平均降水量分布图

6月是宁波降水最多的月份,全市降水量(图3.17)均在200 mm以上,且分布较均匀,其中有两条雨带,一条从余姚四明山区向东北延伸到慈溪、镇海交界处,另一条位于象山港南岸,降水量均达到250～300 mm以上。6月份开始宁波进入梅雨季节,冷暖势力相当,常常在30°N附近形成静止锋,带来长时间的较强降水,因此6月的降水量空间分布与宁波的梅雨量空间分布型相似。

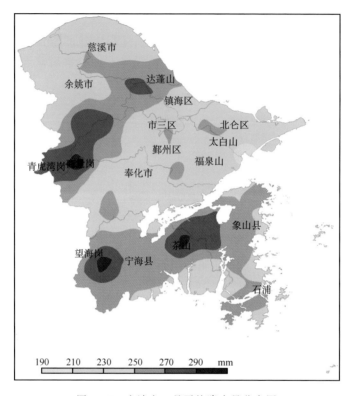

图 3.17　宁波市 6 月平均降水量分布图

　　7月(图 3.18)和 8 月(图 3.19)的降水量分布形态几乎完全一致,都是从西部山区向东部沿海逐步递减,不过 8 月降水量整体比 7 月多,主要是因为 7 月多伏旱天气,8 月受到台风的影响次数较多。宁海西部山区是最大值中心,7 月降水量超过 180 mm,8 月降水量超过 300 mm;余姚四明山区是次大值中心,7 月降水量达到 150 mm 以上,8 月降水量达到 250 mm 以上。中部平原地区 7 月降水量在 120～150 mm,8 月降水量在 200～250 mm;东部沿海地区 7 月降水量不超过 120 mm,8 月降水量在 150～200 mm。

　　9月降水量(图 3.20)形态发生较大变化,大值中心主要有三个,分别在象山地区、余姚四明山区和宁海西部山区,这主要是因为 9 月多受秋台风影响,地处沿海的象山成为降水大值区,另外,北仑地区降水也较多。

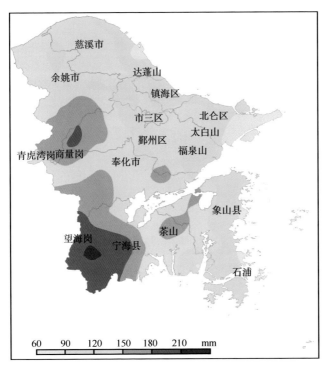

图 3.18　宁波市 7 月平均降水量分布图

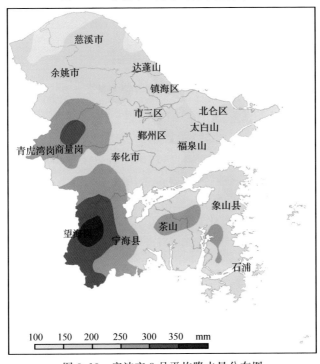

图 3.19　宁波市 8 月平均降水量分布图

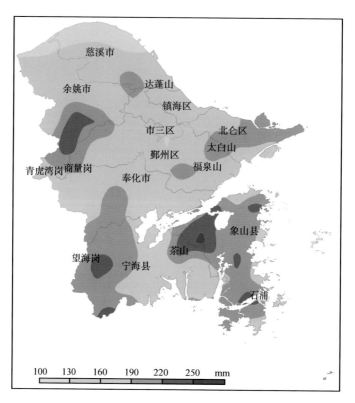

100   130   160   190   220   250   mm

图 3.20　宁波市 9 月平均降水量分布图

　　10 月北方冷空气开始活跃,但还难以影响到宁波,是宁波舒适度最高的月份,多为秋高气爽的天气,降水量(图 3.21)明显减少,仅为 9 月的一半左右。最大中心位于余姚四明山区,降水量在 150 mm 以上;次大中心位于象山西北部;其他地区均未超过 150 mm。

　　11 月北方冷空气开始影响宁波,降水多伴随冷空气活动,月降水量(图 3.22)普遍在 100 mm 以下,分布形态比较特殊,呈东多西少、北多南少,沿海的北仑和象山地区降水集中,降水量超过 100 mm,另外,余姚四明山区和慈溪南部地区降水也较多。

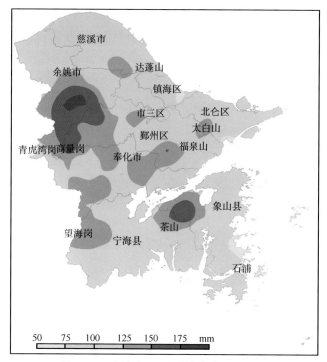

图 3.21　宁波市 10 月平均降水量分布图

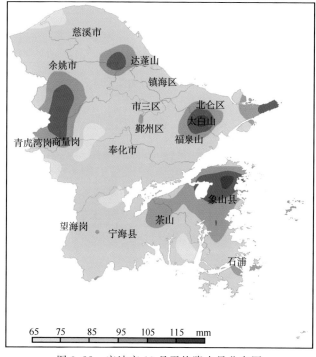

图 3.22　宁波市 11 月平均降水量分布图

12月是降水最少的月份之一,全市降水量(图3.23)普遍在70 mm以下,分布形态与1月类似,呈北多南少,大值中心位于余姚四明山区和北仑地区,均达到70~80 mm;南部大部分地区不足60 mm。

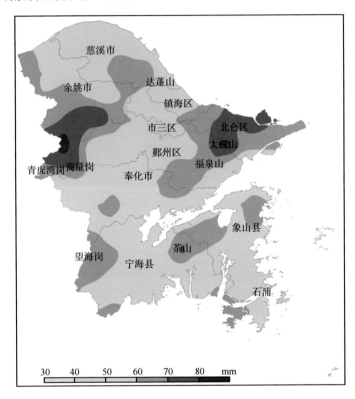

图 3.23　宁波市 12 月平均降水量分布图

3.2.4　最大日降水量

宁波市各地最大日降水量(图3.24)都达到大暴雨(100 mm)及以上级别,其中,达到特大暴雨级别(≥250 mm)的站点数占45.2%。最大日降水量的分布形态呈现出一条明显的大值带,从余姚四明山区向东南方向延伸至象山地区,日降水量达到300 mm以上,其他地区在100~300 mm之间。从具体数值来看,各地最大日降水量差异很大,且分布不均,在112.2(鄞州五乡)~551.7 mm(象山黄泥桥)之间,最大值是最小值的近5倍。

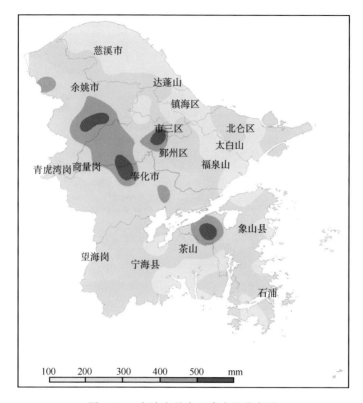

图 3.24 宁波市最大日降水量分布图

3.2.5 梅汛期降水

宁波通常于 6 月 13 日入梅,7 月 7 日出梅,梅期 24 d,全市平均梅雨量 234 mm。梅汛期水强度(图 3.25)分布不均,有两条强降水带,一条从余姚四明山区往东北延伸到慈溪、镇海交界处,另一条从宁海西部山区往东北延伸到象山港南岸,降水强度均达到 11 mm·d^{-1} 以上,其他地区降水强度在 9~11 mm·d^{-1} 之间。

从时间序列(图 3.26)来看,梅雨量的年际变化较大,每隔 1~2 年就从均值以下跳到均值以上或相反变化。从趋势变化来看,20 世纪 50~90 年代,梅雨量呈缓慢上升趋势;从 20 世纪 90 年代至今,梅雨量呈缓慢下降趋势,但幅度都不大。自 2006 年加入区域气象站(红色虚线)数据之后,梅雨量与国家站平均(实线)差别不大,说明国家站已经具有了很好的代表性,年际分析以国家站平均进行,得到的结果是合理可信的。

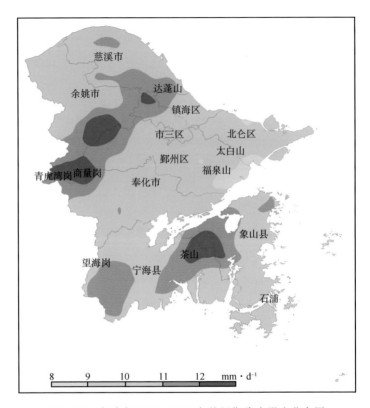

图 3.25　宁波市 2006—2014 年梅汛期降水强度分布图

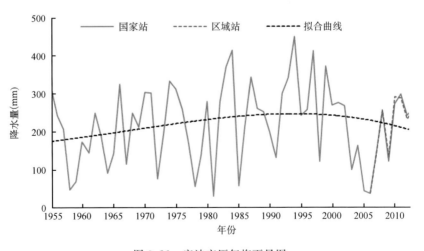

图 3.26　宁波市历年梅雨量图

3.2.6 台风降水

统计分析 2006—2014 年影响宁波的台风降水强度空间分布(图 3.27),不难发现,台风降水强度整体分布呈西南山区向北部平原减少的趋势,地形对台风降水的增幅作用明显;有 3 个强降水区,与宁波主要山脉分布(高海拔)较吻合,分别是宁海望海岗、茶山和余姚四明山。

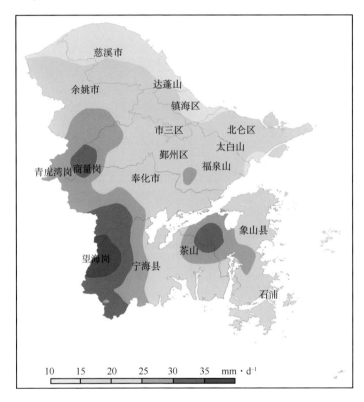

图 3.27 宁波市 2006—2014 年台风降水强度分布图

影响宁波的台风由于路径不同,其产生的降水空间分布也存在很大差异,而相似路径的台风造成的降水具有明显相似的空间分布特征(图 3.28)。对宁波造成灾害的台风,主要有 4 种路径,分别为:

Ⅰ. 在宁波沿海登陆或移动路径穿越宁波、绍兴、台州,属正面袭击型;

Ⅱ. 台风经过 125°E 以西,25°N 以北,紧靠浙江沿海北上转向;

Ⅲ. 除路径Ⅰ外在浙江沿海登陆;

Ⅳ. 除路径Ⅰ外在浙闽边界线到厦门之间登陆。

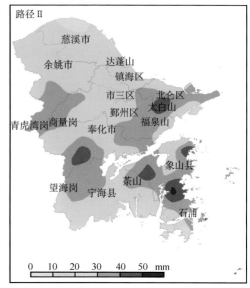

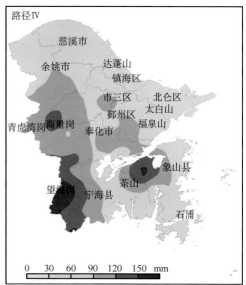

图 3.28 宁波市 2006—2014 年分类台风过程降水分布图

图 3.28 显示了上述 4 种路径台风降水的空间分布。路径 I、路径 IV 台风降水空间分布总体与影响宁波台风降水空间分布类似;路径 II 的强降水区主要在东部沿海地区(北仑、象山),这与台风主体在海上有关,但地形对降水的增幅作用依然明显;路径 III 的台风带来的降水对宁波内陆地区影响均较明显,尤其是余姚、奉化、宁海和鄞州地区。

　　从时间序列(图 3.29)来看,台风降水量的年际变化较大;从趋势变化来看,1962 年以前台风降水量较多,20 世纪 60 年代中后期至 80 年代末,呈现阶段性偏少态势,自 20 世纪 90 年代至今,台风降水量呈现波动变化。自 2006 年加入区域气象站(红色虚线)数据之后,台风降水量与国家站平均(实线)差别不大,说明国家站已经具有了很好的地区代表性,年际分析以国家站平均进行,得到的结果是合理可信的。

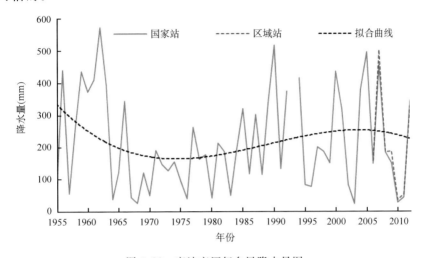

图 3.29　宁波市历年台风降水量图

3.2.7　降水日数

1. 年降水日数

　　按照日降水量≥0.1 mm 为一个降水日的标准,宁波各地年降水日数不足 150 d 的占 5.5%,其中慈溪站最少,仅 143.1 d;超过 180 d 的占 14.8%,其中鄞州福泉山最多,达到 207.3 d;其余均在 150～180 d 之间。年降水日数的总体分布形态(图 3.30)与降水量分布比较一致,大值区主要位于余姚四明山区、宁海天台山余脉并沿象山港两岸往东至北仑、象山西部地区,平原地区降水日数相对较少。

2. 各级降水日数

　　表 3.2 给出的是全市各地小雨(0.1～9.9 mm)、中雨(10.0～24.9 mm)、大雨(25.0～49.9 mm)、暴雨(50.0～99.9 mm)、大暴雨及以上(≥100.0 mm)的 5 个等级历年平均降水日数及其占总降水日数的百分比。从表中可以看出,各地降水均以小雨为主,占总降水日数的 2/3,中雨占 15%～20%,大雨不到 10%,暴雨不足 5%,大暴雨及以上基本占 1%左右。

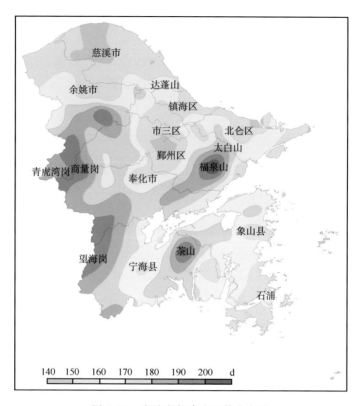

图 3.30　宁波市年降水日数分布图

表 3.2　宁波各地各级历年平均降水日数及其占总降水日数百分比

	小雨		中雨		大雨		暴雨		大暴雨及以上	
	日数 (d)	百分比 （%）	日数 (d)	百分比 （%）	日数 (d)	百分比 （%）	日数 (d)	百分比 （%）	日数 (d)	百分比 （%）
慈溪	116	71.6	25	15.4	12	7.4	7	4.3	2	1.2
余姚	123	72.4	29	17.1	11	6.5	5	2.9	2	1.2
镇海	117	70.9	29	17.6	14	8.5	3	1.8	2	1.2
鄞州	107	66.9	35	21.9	13	8.1	4	2.5	1	0.6
北仑	104	65.8	35	22.2	12	7.6	6	3.8	1	0.6
奉化	116	69.9	30	18.1	14	8.4	5	3.0	1	0.6
象山	117	70.1	25	15.0	16	9.6	5	3.0	4	2.4
宁海	113	66.1	35	20.5	15	8.8	7	4.1	1	0.6
石浦	111	67.7	28	17.1	15	9.1	8	4.9	2	1.2

1) 小雨日数

宁波各地降水以小雨日数最多,在 102~161 d 之间,其中鄞州福泉山,达 160.5 d。全市大部分站点小雨日数在 110~130 d 之间,占 75.2%,9.6% 的站点小雨日数不足 110 d,15.2% 的站点小雨日数超过 130 d。小雨日数的空间分布形态 (图 3.31) 与年降水日数分布几乎完全一致,大值区主要集中在西部山区和象山港南、北两岸。

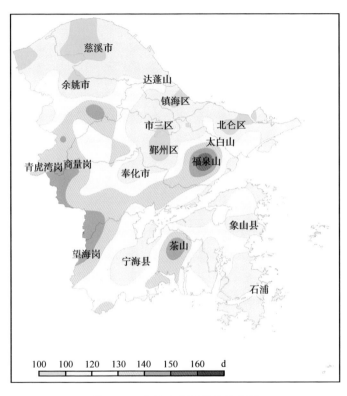

图 3.31　宁波市小雨日数分布图

2) 中雨日数

中雨日数明显少于小雨日数,普遍在 21~38 d 之间,其中余姚华山最多,达到 37.4 d。全市中雨日数达到 30 d 的站点数有 19.3%。中雨日数的空间分布形态(图 3.32)与小雨日数分布略有差异,大值区主要集中在西部山区、象山港南岸和鄞州、北仑的部分地区。

3) 大雨日数

全市大雨日数普遍在 7~16 d 之间,其中宁海蓝田庵最多,为 15.9 d。全市大雨日数不足 10 d 的站点占 8.3%,超过 15 d 的站点占 3.4%,10~15 d 之间的站点占 88.3%。大雨日数(图 3.33)的大值区主要分布在余姚四明山区和宁海西部山区,与小雨、中雨日数的分布形态都不同。

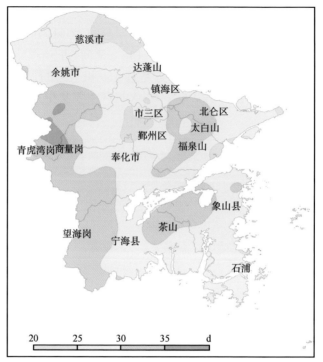

图 3.32　宁波市中雨日数分布图

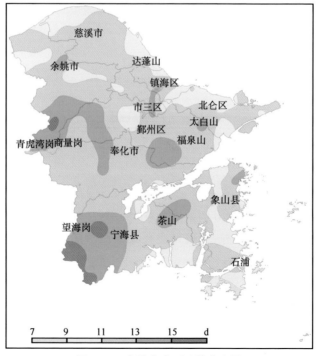

图 3.33　宁波市大雨日数分布图

3.3 风

　　风是由空气流动引起的一种自然现象。气象上,风通常是指空气的水平运动分量,包括方向和大小,即风向和风速。风向指气流的来向;风速是空气在单位时间内移动的水平距离,以 m·s^{-1} 为单位。地面风不仅受气压梯度力和地转偏向力的支配,而且在很大程度上受海洋、地形的影响,山隘和海峡能改变气流运动的方向,还能使风速增大,而丘陵、山地摩擦大会使风速减小,孤立山峰因海拔高会使风速增大,因此,风向和风速的时空分布较为复杂。

　　根据风对地面上物体所引起的现象将风的大小分为 13 个等级,称为风力等级,简称风级。"蒲福风级"是英国人蒲福(Francis Beaufort)于 1805 年根据风对地面(或海面)物体影响程度而定出的风力等级,共分为 0～17 级,表 3.3 列出了各风级的风速范围、名称和对应陆地、海面的代表性现象。

表 3.3　蒲福风级表

风级	风速(m·s^{-1})	风的名称	陆地上的状况	海面现象
0	0～0.2	无风	静,烟直上	平静如镜
1	0.3～1.5	软风	烟能表示风向,但风向标不能转动	微浪
2	1.6～3.3	轻风	人面感觉有风,树叶有微响,风向标能转动	小浪
3	3.4～5.4	微风	树叶及微枝摆动不息,旗帜展开	小浪
4	5.5～7.9	和风	吹起地面灰尘纸张和地上的树叶,树的小枝微动	轻浪
5	8.0～10.7	劲风	有叶的小树枝摇摆,内陆水面有小波	中浪
6	10.8～13.8	强风	大树枝摆动,电线呼呼有声,举伞困难	大浪
7	13.9～17.1	疾风	全树摇动,迎风步行感觉不便	巨浪
8	17.2～20.7	大风	微枝折毁,人向前行感觉阻力甚大	猛浪
9	20.8～24.4	烈风	建筑物有损坏(烟囱顶部及屋顶瓦片移动)	狂涛
10	24.5～28.4	狂风	陆上少见,见时可使树木拔起将建筑物损坏严重	狂涛
11	28.5～32.6	暴风	陆上很少,有则必有重大损毁	风暴潮
12	32.6～36.9	台风(飓风)	陆上绝少,其摧毁力极大	风暴潮
13	37.0～41.4	台风	陆上绝少,其摧毁力极大	海啸
14	41.5～46.1	强台风	陆上绝少,其摧毁力极大	海啸
15	46.2～50.9	强台风	陆上绝少,其摧毁力极大	海啸
16	51.0～56.0	超强台风	陆上绝少,范围较大,强度较强,摧毁力极大	大海啸
17	≥56.1	超强台风	陆上绝少,范围最大,强度最强,摧毁力超级大	特大海啸

　　宁波地处季风气候区,风具有明显的季节变化特征,包括风向和风速,其对宁波气候具有显著影响。气象对风的基本观察是利用各类风仪观测记录距地面10 m高度的风向、风速。风速的观测资料有瞬时值和平均值两种。瞬时风速是空气微团的瞬时水平移动速度,在自动风向风速测量中,瞬时风速是指3 s的平均风速。平均风速是指某个时段内风速的平均值,气象上常用的平均风速有10 min平均风速和2 min平均风速,本书中使用的均为10 min平均风速。

3.3.1　平均风速

　　如图3.34所示,宁波市年平均风速约0~6 m·s^{-1},总体呈沿海向内陆迅速递减,离海岸线较近地区风速大,沿海地区平均风速一般在2 m·s^{-1}以上,平原大部分地区较小,仅1~2 m·s^{-1},山区平均风速较平原地区大,与拔海高度、坡度有一定关系,但山区高地部分地区风速小。

图3.34　宁波市年平均风速分布图

3.3.2 极大风速和最大风速

极大风速指给定时段内的瞬时风速的最大值,最大风速指给定时段内的 10 min 平均风速的最大值;日极大风速就是该日内瞬时(一般是指 3 s)风速的最大值,日最大风速选取该日任意的10 min平均值的最大值。简单来说,最大风速是平均值中的最大值,极大风速是瞬时值中的最大值。在指定的同一时段内,极大风速永远大于或等于最大风速,绝大部分情况下极大风速大于最大风速。

宁波市年极大风速(图 3.35)大于年最大风速(图 3.36),但两者的空间分布极其类似,沿海地区风速均较内陆地区大。

图 3.35　宁波市年极大风速分布图

宁波市年极大风速,象山南部地区最大,杭州湾南岸最小,平原地区多在 24~30 m·s⁻¹之间,象山南部、奉化南部、宁海茶山、鄞州天童、北仑峙头、慈溪达蓬山等地在 30 m·s⁻¹以上。

宁波地区年最大风速,南部地区及沿海地区较大,在 15 m·s⁻¹以上,平原地区和杭州湾南岸较小,仅 10~15 m·s⁻¹,最大风速极值出现在象山石浦。

年极大风速和年最大风速的出现和观测时间的长短关系较大,因此目前分布状况可作参考,在进一步积累数据的情况下,将继续作深入分析。

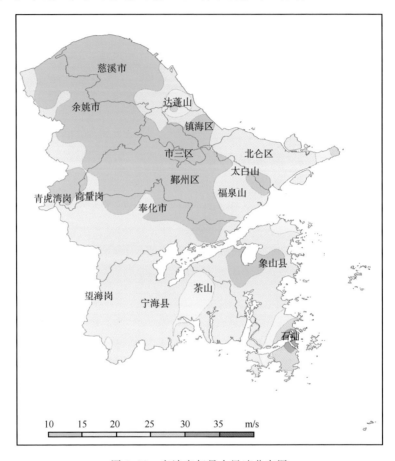

图 3.36　宁波市年最大风速分布图

3.3.3　风向

选取慈溪、余姚、镇海、鄞州、奉化、象山、宁海和石浦等国家气象站及达蓬山、茶山等高山区域气象站进行 2006—2014 年年风向分布(图 3.37)分析,不难发现,宁波境内受季风气候影响明显,以偏北—偏南风为主,个别地区受测风环境如地形、海岸等影响,略有区别,慈溪站和余姚站以西北—偏东风为主。

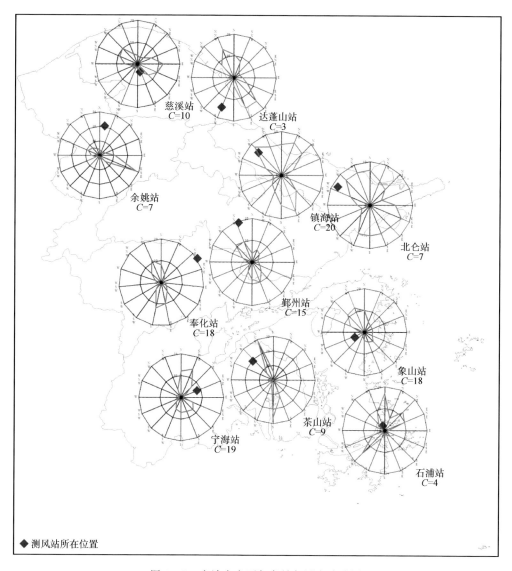

图 3.37　宁波市主要气象站年风向玫瑰图

3.3.4　风能资源

据统计,从杭州湾南岸海岸线的慈溪、镇海、北仑,到象山半岛和宁海沿海及 500 m 以上高山,年平均风速 5~8 m·s⁻¹,年有效风速时数均大于 6000 h。杭州湾南岸有效风能密度在 100 W·m⁻² 以上,可利用时间在 6500~7000 h;东部沿海地区全年风能可利用时间一般可达到 7000 h 以上,位于东部沿海地区的石浦有效风能密度为 143.5 W·m⁻²,檀头山岛有效风能密度更是接近 300 W·m⁻²,说明宁波沿海地区风能资源非常丰富,为风能的开发利用提供了良好的资源优势。

  表3.4给出了宁波市3座测风塔的位置及设置参数。2009年6月1日至2010年5月31日,3座测风塔70 m高度平均风速值为5.5～6.5 m·s⁻¹,70 m高度极大风速值为28.7～32.5 m·s⁻¹,均出现在"莫拉克"台风影响期间,详见表3.5。由图3.38可见,3座测风塔的年平均风速变化曲线相似,月平均风速最大值出现在11月份,月平均风速最小值出现在5月或6月。

表3.4 宁波市测风塔设置一览表

测风塔名称	测风塔编号	塔高(m)	海拔高度(m)	经度(°E)	纬度(°N)	风速层次(m)	风向层次(m)
慈溪	11004	70	3.0	121.48	30.25	10,30,50,70	10,50,70
北仑	11005	70	170.0	121.94	29.81	10,30,50,70	10,50,70
满山岛	11006	70	28.0	121.74	29.10	10,30,50,70	10,50,70

  3座测风塔70 m高度平均风功率密度为198.8～339.9 W·m⁻²,北仑测风塔的平均风功率密度较高。由图3.38可见,各测风塔平均风功率密度年变化趋势与平均风速的年变化趋势大体相似。11月(冬季)的平均风功率密度高于其他月份,月平均风功率密度最低值出现在春末夏初的5月或6月。

  依据GB/T 18710—2002风功率密度等级划分标准,以50 m高度的平均风功率密度值为标准,北仑测风塔的平均风速较大且平均风功率密度在300 W·m⁻²以上,属于3类风场区;慈溪测风塔的平均风功率密度为252.3 W·m⁻²,属于2类风场区;满山岛测风塔的平均风功率密度在200 W·m⁻²以下,属于1类风场区,但接近2类风场区。

  从图3.39、图3.40、图3.41中分析,各测风塔有效风速频率较大的风速段大致集中在3～7 m·s⁻¹。风能频率的分布与风速频率的分布具有明显的差异,风能频率较高的风速段大多主要集中在6～14 m·s⁻¹。

表3.5 2009年6月1日至2010年5月31日各测风塔风能参数表

测风塔	测风高度(m)	3～25 m·s⁻¹ 时数百分率(%)	平均风速(m·s⁻¹)	极大风速(m·s⁻¹)	平均风功率密度(W·m⁻²)	有效风功率密度(W·m⁻²)	风能密度(kW·h·m⁻²)	平均风功率密度等级
慈溪测风塔	10	74	4.8	24.8	142.6	190.1	1248.5	
	30	84	5.6	28.2	204.8	241.8	1793.2	2
	50	88	6.1	30.3	252.3	286.1	2208.3	
	70	87	6.0	28.9	242.0	277.1	2119.1	
北仑测风塔	10	84	6.2	39.3	332.5	390.1	2910.2	
	30	85	6.4	34.8	347.9	407.9	3044.9	3
	50	86	6.5	34.0	345.5	398.7	3024.4	
	70	87	6.5	32.5	339.9	391.3	2975.6	
满山岛测风塔	10	64	4.1	30.5	95.9	145.5	839.6	
	30	76	5.1	30.5	164.8	213.9	1443.3	1
	50	78	5.4	30.3	184.6	236.0	1616.3	
	70	79	5.5	28.7	198.8	251.6	1740.9	

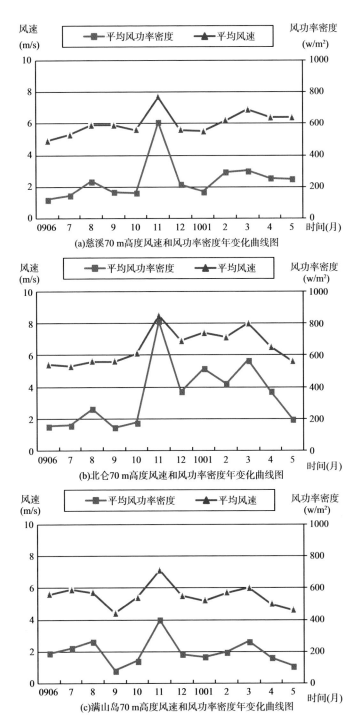

图 3.38　2009 年 6 月 1 日至 2010 年 5 月 31 慈溪(a)、北仑(b)和
满山(c)测风塔 70 m 高度风速和风功率密度年变化曲线图

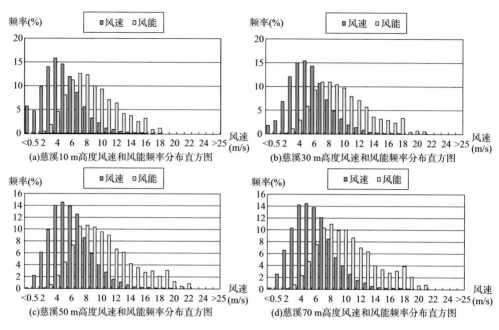

图 3.39 2009 年 6 月 1 日至 2010 年 5 月 31 日慈溪测风塔不同高度风速和风能频率分布图

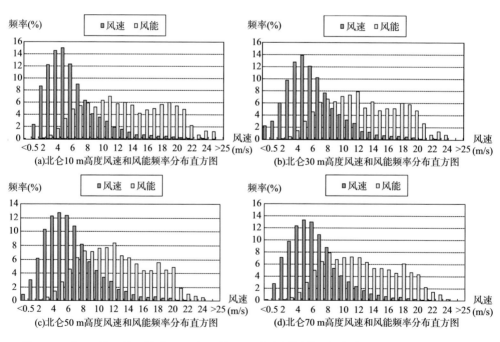

图 3.40 2009 年 6 月 1 日至 2010 年 5 月 31 日北仑测风塔不同高度风速和风能频率分布图

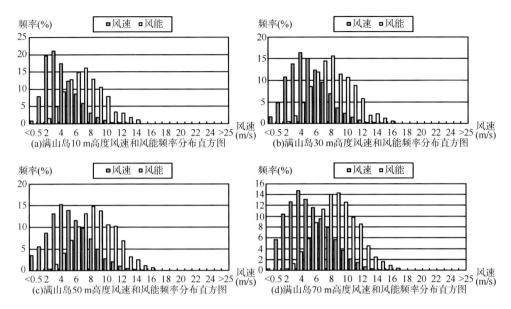

图 3.41 2009 年 6 月 1 日至 2010 年 5 月 31 日满山岛测风塔不同高度风速和风能频率分布图

3.4 湿度

湿度是一个表示大气干燥程度的物理量。在一定的温度下一定体积的空气里含有的水汽越少,则空气越干燥;水汽越多,则空气越潮湿。在此意义下,常用绝对湿度、相对湿度、比湿、混合比、饱和差以及露点等物理量来表示。日常生活中,常用相对湿度来表示空气潮湿的程度。相对湿度用空气中实际水汽压与当时气温下的饱和水汽压之比的百分数表示,取整数。

3.4.1 平均湿度

宁波市的年平均湿度(图 3.42)分布在 67%～84% 之间,空间分布呈明显的"南大北小",南部地区年平均湿度大部分在 75% 以上,个别地区甚至超过 80%,北部大部分地区则在 75% 以下。按月际分布来看,6 月平均湿度最大,为 74%～91%,此时正是江南地区特有的梅雨时节,阴雨天气可持续多日,久雨不晴造成空气湿度大,体感舒适度差;9 月次之,主要是受秋台风影响造成降雨多湿度大;12 月平均湿度最小,为 62%～79%,原因在于冬季多北方干冷空气南下,而西南暖湿气流不活跃;4 月次之,是因为春季多夜雨,白天气温升高,蒸发量大,空气湿度随之变小。

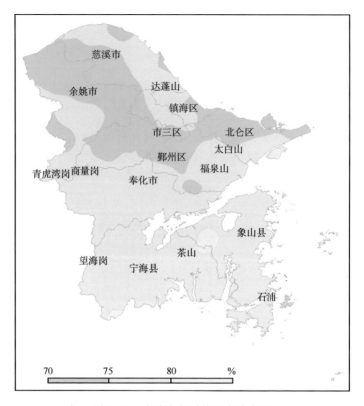

图 3.42 宁波市年平均湿度分布图

3.4.2 最小湿度

宁波市年最小湿度分布在 4%～18% 之间,其中年最小湿度低于 10% 的站点占 72.6%。从月际分布来看,相对较大值出现在 6—9 月,对应降水较多的梅汛期和台汛期,最小值出现在 12 月,处于水汽匮乏的隆冬时节,多受北方干冷空气的影响,空气湿度小。

3.4.3 最大湿度

宁波市年最大湿度几乎全部达到 100%,仅有 1 个区域气象站是 98%。从月际分布来看,达不到 100% 的站数在 4～22 个之间,最小值 91%～96%。其中,6 月未达到 100% 的站数仅 4 个,最小值 96%,是湿度最大的月份,说明梅雨时节是高湿的时段。

3.5 日照

日照时数是表征太阳直接辐射多少的量值之一。日照长短随纬度和季节而变化,并与天气、昼夜长短及大气污染有关,对日照时数有影响的主要是天气和污染状况,而天气的影响又主要表现在云量和降水。

宁波年日照时数在 1590~1850 h,从北往南减少;夏季最多,春季次之,冬季最少。

表 3.6 给出了 2006—2014 年宁波各地年、季日照时数。冬季(12 月至次年 2 月),由于昼短夜长,各地日照时数均为全年最少,其中象山仅 290.5 h;春季(3—5 月),各地在 421.9~507.7 h 之间,慈溪最多为 507.7 h;夏季(6—8 月)是宁波日照时数最多的季节,一般在 520~550 h,象山最少,为 477.3 h;秋季(9—11 月)秋高气爽,多晴好天气,但日照时数较春季少,一定程度上说明秋季后期的空气质量对日照时数的多寡影响较明显。

表 3.6　2006—2014 年宁波各地年、季日照时数(h)

县市	冬季 (12 月至次年 2 月)	春季 (3—5 月)	夏季 (6—8 月)	秋季 (9—11 月)	全年
慈溪	335	507.7	561.7	433.5	1837.9
余姚	319.4	486.3	564.2	421.2	1791.1
镇海	326.2	474.3	539.1	436.9	1776.5
鄞州	341.2	490.6	552.6	434.4	1818.8
北仑	292.5	447.8	502.4	388.6	1631.3
奉化	324.1	450.2	518.8	391.2	1684.3
象山	290.5	421.9	477.3	391	1580.7
宁海	324	429.2	503.8	427.4	1684.4
平均	319.1	463.5	527.5	415.5	1725.6

3.6　气压

气压是作用在单位面积上的大气压力,即等于单位面积上向上延伸到大气层顶的垂直空气柱的重量。气象上常用百帕(hPa)作为气压的度量单位。气压的大小与海拔高度、大气温度、大气密度等有关,一般随高度升高按指数律递减。气压有日变化和年变化。一年之中,冬季比夏季气压高;一天中,气压有一个最高值、一个最低值,分别出现在 09—10 时和 15—16 时,还有一个次高值和一个次低值,分别出现在 21—22 时和 03—04 时。

宁波市的年平均气压分布特征(图 3.43)总体呈平原高、山区丘陵低的态势,其中四明山区最小,仅 954.6 hPa,平原地区多在 1010 hPa 以上,从中可以看出海拔高度对气压的影响非常明显。

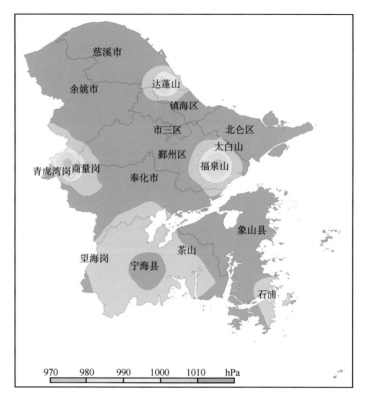

图 3.43　宁波市年平均气压分布图

第4章
宁波市极端天气气候事件

4.1 高温

一般将日最高气温≥35℃的那一天称为高温日。

图 4.1 为宁波市日最高气温≥35℃的高温日数分布图,可见除四明山区高海拔地区和部分海岛外,全市各地都出现过日最高气温≥35℃的高温天气。但各地的高温日数差

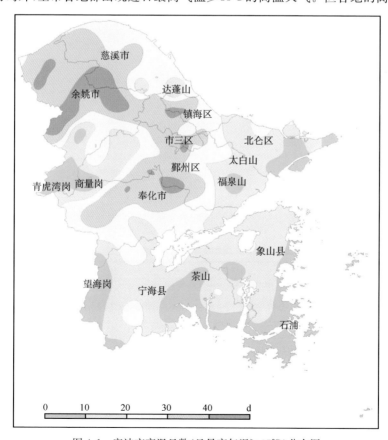

图 4.1　宁波市高温日数(日最高气温≥35℃)分布图

异较大,平原地区较山区多,象山港以北地区较以南地区多。宁波主城区、鄞州中部、奉化中北部、余姚北部、慈溪西部为高温多发地区,基本上在 30 d 以上,高温日数少的地区主要分布在象山沿海、北仑东部沿海、余姚和宁海的四明山区,基本上在 10 d 以下。

日最高气温≥37℃的高温日数(图 4.2)北部平原地区较多,南三县(宁波市域南侧奉化市、宁海县和象山县三个县市的统称)较少,高山及沿海地区基本上在 5 d 以下。

日最高气温≥40℃的高温日数(图 4.3)集中出现在中北部平原地区,一定程度上说明城市化对高温的影响重大。

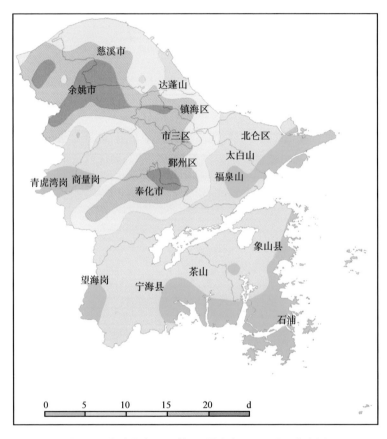

图 4.2　宁波市高温日数(日最高气温≥37℃)分布图

县域内任意区域气象站日最高气温达 35℃,即定义县域高温日。2006 年起,县域高温日较国家站高温日明显增多(图 4.4),2006—2014 年全市平均县域高温日和平均国家站高温日呈正相关,相关系数为 0.935,通过 0.01 显著性检验。因此国家站已经具有了很好的地区高温日变化趋势代表性,年际变化分析以国家站平均进行,得到的结果是合理可信的。

20 世纪 90 年代以前,宁波市日最高气温≥35℃的高温日数总体不多,且变化不大,90 年代以后,尤其是 21 世纪以来,高温日数增加明显,这与气候变化和城市化进程都有一定关系。

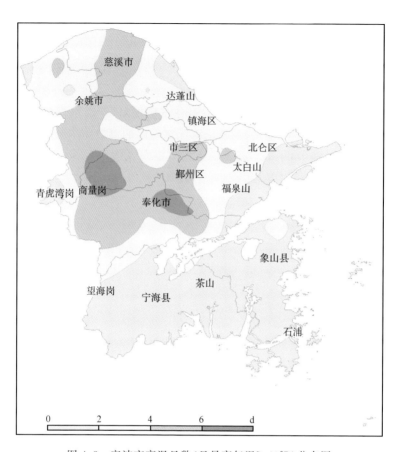

图 4.3　宁波市高温日数(日最高气温≥40℃)分布图

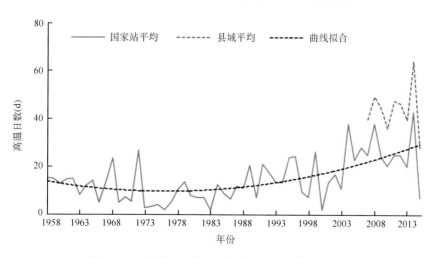

图 4.4　宁波市高温日数(日最高气温≥35℃)变化图

4.2 低温

将日最低气温≤0℃的那一天称为低温日。

图4.5为宁波市日最低气温≤0℃的低温日数分布图,可见全市各地都会出现日最低气温≤0℃的低温天气,低温日数的空间分布呈现出"西高东低"型,由内陆向沿海逐渐减少,在2～63 d之间变化,反映出海洋对气温的调节作用。余姚西部向南伸展到宁海西部的山区最多,年平均在40 d以上,沿海及海岛最少,年平均在20 d以下,其余各地在20～40 d之间。

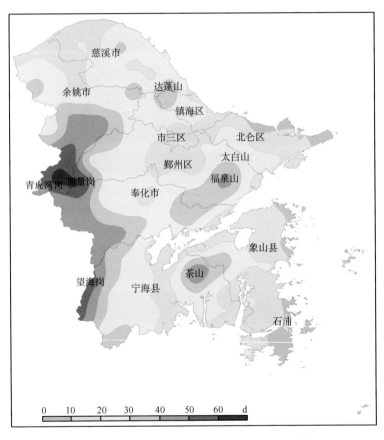

图4.5 宁波市低温日数(日最低气温≤0℃)分布图

县域内任意海拔高度低于100 m的区域气象站日最低气温≤0℃,即定义县域低温日。2006年起,县域低温日较国家站低温日明显增多(图4.6),2006—2014年全市平均县域低温日和平均国家站低温日呈正相关,相关系数为0.889,通过0.01显著性检验。因此国家站已经具有了很好的地区低温日变化趋势代表性。

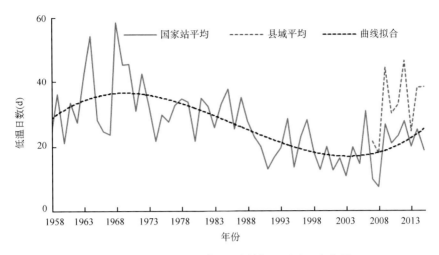

图 4.6 宁波市低温日数(日最低气温≤0℃)变化图

20 世纪 70 年代初前,宁波市日最低气温≤0℃的低温日数较多,70 年代中期至 20 世纪末,总体呈现下降趋势,但 21 世纪,低温日数略有增加。

4.3 暴雨

暴雨是宁波的主要极端天气气候事件之一,也是宁波水资源的主要来源之一。暴雨是降水强度大的雨,雨势倾盆,一般指 1 h 降雨量 16 mm 以上,或连续 12 h 降雨量 30 mm 以上,或连续 24 h 降雨量 50 mm 以上的降水。中国气象局规定,暴雨按其降水强度大小可分为三个等级,即 24 h 降水量为 50～99.9 mm 称暴雨,100～249.9 mm 为大暴雨,250 mm 以上称特大暴雨。

宁波大部分地区一年四季都会出现暴雨,但有近四分之一的区域冬季没有暴雨出现,仅在春、夏、秋三季有暴雨出现。春季,宁波的平均暴雨日数为 0.1～1.3 d,其中余姚、象山出现较多;夏季平均暴雨日数最多,有 1.3～4.7 d,其中宁海出现最多;秋季平均暴雨日数仅次于夏季,为 0.5～2.7 d,其中大值区主要集中在象山、宁海和石浦;冬季平均暴雨日数最少,仅 0～0.5 d,其中北仑出现日数相对较多。

全市所有站点均出现了暴雨,年平均暴雨日数最多的是余姚上庄和华山,达 7.4 d;北仑崎头最少,仅 2.8 d;其他站点均在 3～7 d 之间。年平均暴雨日数(图 4.7)的大值区主要分布在余姚南部、宁海西部山区和北仑、象山等沿海地区,是因为大部分暴雨发生在台风影响时期,宁波东南沿海正是受台风影响最严重的区域,多大风大雨天气,而西部山区的地形对降水有明显的增幅作用。

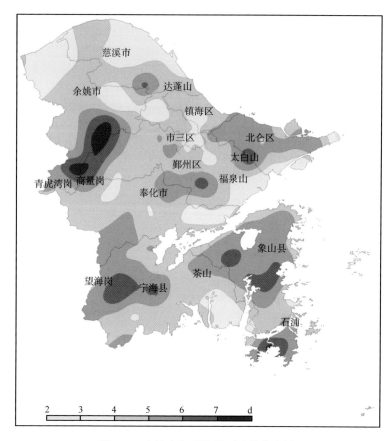

图 4.7　宁波市年平均暴雨日数分布图

全市所有站点均出现过大暴雨或以上降水,各地的大暴雨及以上日数(图4.8)基本在1~3 d之间,大值区集中在余姚、慈溪、奉化、象山的部分地区及西部山区。

县域内任意区域气象站日降水量达 50 mm,即定义县域暴雨日。2006 年起,县域暴雨日较国家站暴雨日明显增多(图4.9),主要由于强对流等天气系统引发的局地性暴雨对县域暴雨日起了较明显作用。

宁波市暴雨日数年际变化总体呈现波动趋势,且幅度不大,但 21 世纪起日数略有增加。

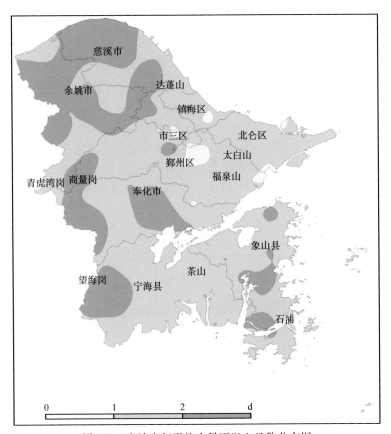

图 4.8 宁波市年平均大暴雨以上日数分布图

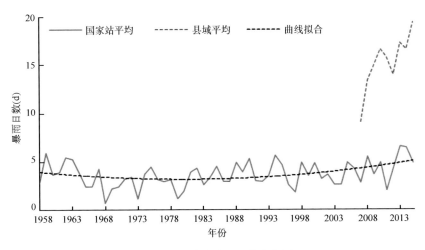

图 4.9 宁波市暴雨日数变化图

4.4 大风

宁波地处北亚热带湿润型季风气候区,冬夏季风交替明显,冬季冷空气活动频繁,多出现偏北大风,春秋过渡季节,冷暖空气交替加剧,偏北与偏南大风交替出现,夏季大风除受台风影响外,强对流天气系统造成的短时大风也时有发生。根据中国气象局的规定,瞬时风速$\geqslant 17 \ m \cdot s^{-1}$,记为大风,该日定义为一个大风日。大风日数的多少主要与天气系统强弱有关,与海拔、坡向等地理环境也存在一定联系。

宁波高山、海岛、沿海地区的大风天数较多,其他各地大风日数较少,局地性较明显,图 4.10 中年大风日数超过 20 d 的区域均为海拔高度在 100 m 以上的山地,且位于沿海地带,其中,北仑峙头、慈溪达蓬山、宁海茶山、象山鹤浦等地年大风日数达40 d 以上;而平原地区大风日数多在 10 d 以下。

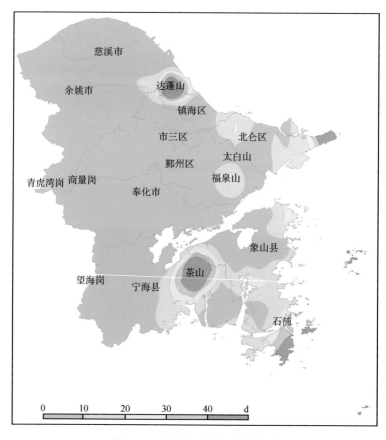

图 4.10 宁波市大风日数分布图

县域内任意海拔高度低于 100 m 的区域气象站日极大风速≥17.2 m·s⁻¹,即定义为县域大风日。2006 年起,县域大风日较国家站大风日明显增多(图 4.11),主要原因是国家气象站主要位于城区或城郊,而大风往往出现在沿海地区、海岛及丘陵地带。

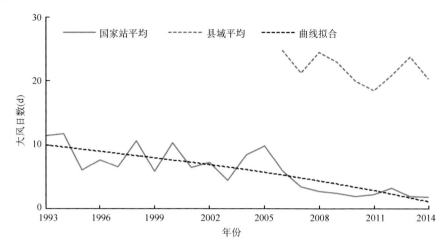

图 4.11　宁波市大风日数变化图

1993 年以来,大风日数总体呈减少趋势,全市平均大风日数最多的 1994 年为 11.8 d,最少的 2014 年仅 2 d;2006 年以前大多数都在平均值 6.2 d 以上,2007 年后大风日数都小于平均值;拟合曲线显示出几乎呈线性下降的趋势,且 2008 年后下降趋势略有加快。

4.5　雾和霾

雾和霾是特定气候条件与人类活动相互作用的结果,两者常常相伴而生、同时出现,水汽、静风、逆温、凝结核等条件缺一不可。雾是一种天气现象,指空气中水汽达到或接近饱和,在近地层空气中凝结成悬浮着的大量小水滴或冰晶微粒,使人的视野模糊不清的天气现象;霾是一种大气污染状态,是对大气中各种悬浮颗粒物含量超标的笼统表述。

4.5.1　能见度和雾

在水汽充足、微风及大气层结稳定的情况下,气温接近零点,相对湿度达到 100%时,空气中的水汽便会凝结成细微的水滴悬浮于空中,使地面的水平能见度下降,这种天气现象称为雾。秋冬春的清晨气温最低,是雾最浓的时刻。雾的种类有辐射雾、平流雾、混合雾、蒸发雾、烟雾等。

根据雾中能见度可以划分雾的等级,当水平能见度在 10 km 以下时称为雾,能见度大于 1 km 但小于 10 km 时称轻雾,能见度不足 500 m 时称浓雾,能见度小于 50 m 时称强浓雾。

宁波全年各月均有可能出现雾,3—5 月和 10—12 月是两个多雾期,夏季 7—8 月出现较少,沿海地区雾日较内陆地区多。

表 4.1 宁波市各县(市、区)能见度和雾日分布表

	慈溪	余姚	鄞州	镇海	北仑	奉化	象山	宁海
能见度(km)	11.5	9.8	10.7	12.4	15.4	12.4	12.5	15
雾日(d)	9.4	9.7	6.4	27.5	10.4	6.7	9.2	8.6

4.5.2 宁波霾天气特征分析

霾是悬浮在大气中的大量微小尘粒、烟粒或盐粒的集合体,使空气浑浊,水平能见度降低到 10 km 以下的一种天气现象。当大气凝结核由于各种原因长大时也能形成霾,在这种情况下水汽进一步凝结可能使霾演变成轻雾、雾和云。霾主要由气溶胶组成,它可在一天中任何时候出现。

当空气相对湿度≤80% 时,根据能见度不同,可以将霾分为 4 级:能见度≥5 km 且<10 km 时是轻微霾,能见度≥3 km 且<5 km 时是轻度霾,能见度≥2 km 且<3 km 时是中度霾,能见度<2 km 时是重度霾。

霾与雾的区别主要在于发生霾时相对湿度不大,而雾中的相对湿度是饱和的。一般相对湿度小于 80% 时的大气混浊视野模糊导致的能见度恶化是霾造成的,相对湿度大于 90% 时是雾造成的,相对湿度介于 80%~90% 之间时是霾和雾的混合物共同造成的,但其主要成分是霾。雾的厚度一般只有几十米至几百米,而霾的厚度比较厚,可达 1~3 km 左右;雾的颜色是乳白色、青白色,霾则是黄色、橙灰色;雾的边界很清晰,过了"雾区"可能就是晴空万里,但是霾与晴空区之间没有明显的边界,霾粒子的分布比较均匀,而且霾粒子的尺度比较小,从 0.001~10.0 μm,平均直径大约在 1~2 μm 左右。

21 世纪以来,霾天气日数较上世纪显著增长。1954—2014 年,宁波市区霾天气日数变化(图 4.12)可分为 2 个阶段:(1)1954—2000 年,以外来沙尘、扬尘等自然原因为主,年霾日数维持在极低水平,且变化不明显,基本在 0~10 d;(2)21 世纪以来,随着工业经济快速发展、城市大规模建设等,大气排放物增加明显,年霾日数显著增加。2013 年是宁波有气象记录以来霾天气日数最多、影响程度最重的年份,市区霾日 138 d,中度以上霾日数 19 d,占 13.8%,特别是 12 月 1—9 日连续 9 天霾,其中 4—8 日连续 5 d 重度霾,连续霾日数和连续重度霾日数均创历史最高纪录。

宁波一年四季均可出现霾天气,以初春、秋末和冬季最为集中。从近 10 年市区月霾日数变化图(图 4.13)可以看出,各月均可出现霾,其中 1 月、10—12 月多发,2—5 月、9 月次之,夏季(6—8 月)最少。

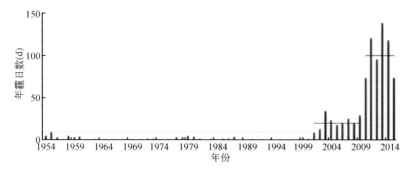

图 4.12 宁波市年霾日数变化图

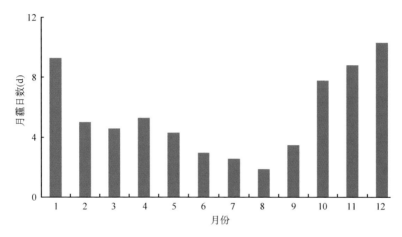

图 4.13 宁波市近 10 年月霾日数变化图

应用美国国家海洋和大气管理局(NOAA)研制的 HYSPILT4 模式,对宁波大气污染物的潜在源区的不同输送态势进行分类,考虑各季影响天气系统不同,故按季节根据气团水平移动速度和方向进行分组聚类(图 4.14),发现秋季(9—11 月)轨迹比较复杂,共有 7 条轨迹,来自各个方向,其中来自津京冀和东北方向海上路径最多,分别占 20%;其次是浙江西南地区,占 17%;以及偏东方向海上路径,占 15%。冬季(12 月至次年 2 月)有 4 条轨迹,主要西北方向的短中距离轨迹,来自浙北的占 42%;津京冀经江苏、上海的占 39%。与冬季相比,秋季污染轨迹多了来自海上的偏东轨迹。另外,前 36 h 远距离输送的垂直高度一般是在 2~3 km,中短距离一般在 1~1.5 km。HYSPLIT-4 模式后向轨迹分析表明,宁波空气污染受其特定的地理环境和大气环流背景影响,存在远、近不同距离的污染物输送问题。

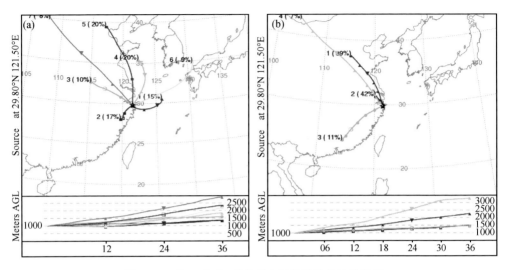

图 4.14　秋(a)冬(b)季的后向气流平均轨迹分类图

4.5.3　宁波大气扩散能力分析

大气中污染物消散与气象环境自净条件密切相关,包括大气扩散、干湿沉降、化学自净等,其中大气扩散是大气环境自净的最重要方式。在一定扩散、沉降条件下,大气中污染物含量超过其承载能力(自净能力)时,即产生大气污染。

气象条件是决定霾扩散能力最重要的自然要素,其中混合层高度、风速是气象条件的关键指标。在污染气象学上混合层定义为湍流特征不连续界面以下湍流较充分发展的大气层。大气混合层通过下垫面热力和动力的湍流混合作用,对气象要素的演变和污染物的迁移、转化产生直接的影响。混合层高度反映了污染物在垂直方向被湍流稀释的范围。空气质量模式中混合层顶被当成污染物的反射面,而混合层内的风速则反映自然环境对污染物的自净能力。空气作为污染源接纳方和环境质量的提供主体,其资源量是决定大气环境质量的基本要素。

大气污染扩散能力的测算主要根据风速和混合层高度进行综合评估,计算方法参照国家环保部颁布的《制定地方大气污染物排放标准的技术方法》(GB/T 13201—1991)中规定的大气环境容量核算 A 值法中通风系数的计算方法。公式如下:

$$A = 3.1536 \times 10^{-3} \frac{\sqrt{\pi}\,\overline{UH}}{2} \tag{4.1}$$

式中,H、U 分别为混合层高度(m)和混合层的平均风速(m·s^{-1}),

$$\overline{UH} = \frac{n}{\displaystyle\sum_{i=1}^{n}\frac{1}{U_iH_i}} \tag{4.2}$$

式中 H_i、U_i 分别为第 i 小时的混合层高度(m)和混合层内的平均风速(m·s^{-1})。

混合层高度综合考虑位于宁波镇海区的激光雷达(121°59′E,30°36′N)、慈溪风廓线雷达(121°18′E,30°12′N)观测和业务运行中尺度模式 WRF(Ver. 3.6.1)模拟输出的边界层高度和风速,经对比分析模拟与观测的平均误差并对其他站点进行模拟平均误差订正后得到的边界层高度和风速代入上述公式,即可得到各站通风系数大小。

宁波市 11 个县(市、区)全年平均大气污染扩散能力(图 4.15)象山为最强,海曙为最弱(约为象山的 52%),对大气扩散能力偏弱区域更需注重大气环境保护。造成这种扩散能力分布特点除受风向、风力、降水等气象条件影响外,还受当地地理环境影响。宁波市大气扩散能力空间上明显呈"从沿海向内陆阶梯减弱"的分布趋势。

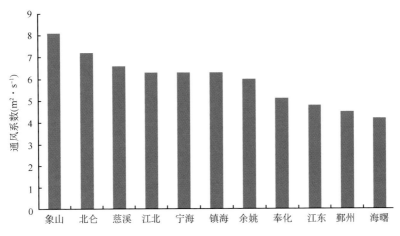

图 4.15 宁波市 11 个县(市、区)通风系数排序图

北部地区较南部地区更易受外来大气污染物入侵影响。宁波市北部地区地势低且平坦,在冬季盛行偏北风情况下,一遇弱冷空气,容易"输入"北方污染物,而南部地区因西部及西南山脉阻挡,加上偏北风在南下过程中有所减弱,受外来"输入"影响相对较小。

大气层结的稳定度、盛行风向、风速大小等较大程度决定了大气污染物扩散能力。根据气象条件分析,宁波市大气扩散能力时间上表现为"夏季较强,冬季较弱"(图 4.16),其中 8 月份大气污染扩散能力最强,2 月份最弱。

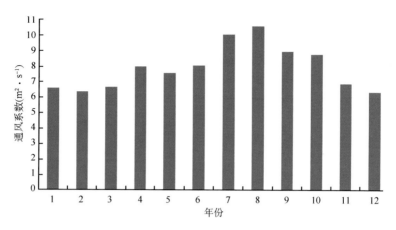

图 4.16 宁波市平均通风系数月际变化图

4.5.4 宁波石化经济技术开发区布局评价

大气污染系数是某一地区某方位风向频率与该方位风速的比值。某方位下风受污染的时间与该方位风向频率成正比,而污染浓度与该方位的平均风速成反比。空气污染系数综合了风向和风速的作用,代表了某方位下风向空气污染的程度,视作当地空气污染的潜势,在选择工业区和企业内部布局中是一项重要的依据。污染危害的程度与受污染的时间和浓度有关,仅考虑风向频率布局,只能做到受污染的时间最少,但不能保证受污染的程度最轻;而风速与污染浓度成反比。污染系数综合了风向和风速的作用,某方位的风向频率小,风速大,该方位的污染系数就小,说明其下风方向的空气污染就轻。一般来说,将污染源设在污染系数最小的方位上侧对保护局部地区的空气质量有利。

徐大海、姐铁林等人提出了一个含有静风效应的污染系数计算方法,具体定义为:假设一高架连续无动力抬升点源向四周排出惰性有害气体,那么在某象限内的污染物长期平均浓度公式,可由有风条件下高斯扩散模式中浓度公式横向积分,加上无风条件下,高架源地面浓度公式即得,若除以标准状态下(风速为 $1\ \mathrm{m \cdot s^{-1}}$、风向象限夹角为 2π,静风频率为零)地面浓度分布式,即得污染系数 α 值。当取 16 个方位时,化简得到:

$$\alpha = 16 \times \frac{f_i}{u_i} + \frac{4}{3} \times f_0 \tag{4.3}$$

式中 f_i 为各风向出现频率,f_0 为静风频率,u_i 为各风向下的平均风速,$i=1,2,3,\cdots,16$。图 4.17 为鄞州站大气污染系数风向玫瑰图,图中可见,WSW 方位污染系数最小,为 0.29,SSE 方位污染系数最大,为 0.73。

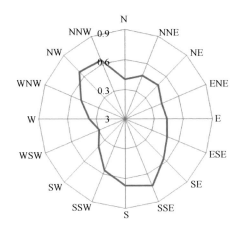

图 4.17　鄞州站大气污染系数风向玫瑰图

　　为了简化 α 值方位分布特征,按 16 方位计算出 α 后,进行四方位滑动累积,找出相邻四个 α 累积值为最小的位置,合并为一个方位,然后顺序四个方位合并,计算出其他三个方位的累积污染系数。最小值所在象限的方位为最小污染方位,说明在原点的源对此方位内污染最轻,最小污染方位下风方位为最轻污染范围。

表 4.2　鄞州站污染系数四方位滑动后确定的方位及污染系数表

	最小	较小	较大	最大
污染方位	SW—WNW	NE—ESE	NW—NNE	SE—SSW
污染系数	1.54	1.79	2.18	2.52

　　宁波石化经济技术开发区是浙江省唯一的石化和化工专业型开发区,位于镇海区西北侧的海涂上,位于宁波主城区的东北方向,由表 4.2 中可以看出,宁波主城区(鄞州)SW—WNW 方位区域污染系数较小。因此将化工区布置在宁波主城区的东北(污染系数的最小方位的上侧),污染物对宁波主城区大气环境的影响小,从宁波市大范围看,镇海位于宁波市的东北方向,按照上述分析,污染源对宁波市整体的影响也相对小,再加上镇海为沿海地区,有利于污染源的扩散,因此将污染较大的化工企业设在镇海的布局是合理的。

4.6　雷暴

　　雷暴是伴有雷击和闪电的局地对流性天气,属强对流天气系统,是大气不稳定状况的产物,是积雨云及其伴生的各种强烈天气的总称。雷暴一般产生于对流发展旺盛的积雨云中,由于云内垂直方向的热力对流发展旺盛,不断发生起电和放电(闪电)现象,闪电通道上的空气温度骤升、水滴汽化,短时间内空气迅速膨胀产生冲击波,导致强烈的雷鸣,由于云中电荷在地面上引起感应电荷,云底与地面之间就形成了"闪道",闪电击地形成雷击,造成雷电灾害。

由图 4.18 可见,全市平均雷暴日数总体呈减少趋势,最多的 1963 年为 64.8 d,最少的 1978 年仅 20.8 d,但 20 世纪 80 年代以来,减少趋势有所趋缓,但强雷暴事件发生概率增加,县域平均雷暴日数因采用闪电定位仪数据,因此日数总体增多,但变化趋势和人工雷暴日数基本一致。

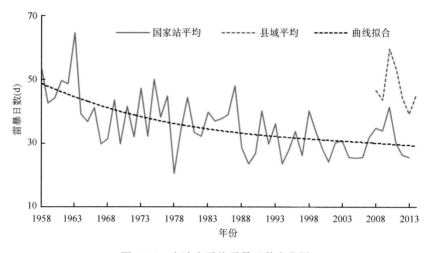

图 4.18　宁波市平均雷暴日数变化图

第5章

宁波市主要气象要素
重现期分布特征

5.1 分析方法

某特定事件的重现期指大于或等于该事件特定强度可能出现一次的平均间隔时间,单位是年(a),重现期与频率成反比。常用于计算重现期的分布有:极值Ⅰ型(Gumbel)分布、极值Ⅱ型(Frechet)分布、韦伯(Weibull)分布、皮尔逊(Pearson)Ⅲ型分布等,一般计算重现期要进行分布拟合,才能确定适合的分布函数。

利用区域气象站开展宁波市主要天气气候事件(高温、低温、暴雨、大风)重现期计算分析,考虑到建站时间不长,样本长度短,先做如下处理:

(1)挑选建站以来国家气象站每年气象要素最大(小)值作为一个样本,计算多年一遇气象要素重现值。

(2)按照重现期计算原则,挑选建站以来区域气象站每月气象要素最大(小)值作为一个样本,计算多月一遇气象要素重现值,同时计算同期国家气象站(相同样本数)多月一遇气象要素重现值,分别计算不同重现期,针对不同地区,将区域气象站与国家气象站之间重现值的比值,作为订正系数。

(3)利用国家气象站不同重现期的不同气象要素重现值和各乡镇(街道)代表区域气象站的对应重现期的订正系数,计算各区域气象站不同重现期重现值,即区域气象站重现值=国家气象站重现值×订正系数,各乡镇(街道)各重现期气象要素值的详见附录 1。

重现期具体计算方法采用极值分布Ⅰ型(Gumbel),具体如下:

$$P(x) = \exp\{-\exp[-(x-\alpha)/\beta]\} \tag{5.1}$$

式中 x 是分布变量,即气象要素的极端值,$P(x)$ 是分布变量不被超过的概率,α 是位置参数,β 是等级参数。

根据耿贝尔极值分布函数式,N 年一遇的变量可由下式求出:

$$x = \alpha - \beta \cdot \ln(-\ln P_N) \tag{5.2}$$

5.2　高温

高温即年极端最高气温,一般出现在夏季。

由图 5.1 发现,各地极端最高气温还是有所不同的,宁波市大部分地区 50 年一遇最高气温在 41～43℃;慈溪东部、象山港北岸、宁海西部、三门湾沿岸及象山南部沿海地区较低,在 39～41℃;江北、镇海、奉化北部、余姚市区及其杭州湾沿岸、宁海部分地区较高,在 43℃以上,说明上述区域出现高温的可能性明显高。

5.3　低温

低温即年极端最低气温,一般出现在冬季。

由图 5.2 发现,各地极端最低气温分布比较有规律,余姚、慈溪及鄞州平原地区 50 年一遇最低气温在 −7～−6℃,北仑及象山大部分地区在 −6～−5℃,其他地区因山地较多在 −7℃以下。

5.4　最大降水量

最大降水量一般指的是日最大降水量可能出现的数值。由图 5.3 发现,日最大降水量总体分布呈"南部大、北部小,中部次之",慈溪、镇海及余姚北部 50 年一遇日最大降水量不足 200 mm,鄞州、余姚、北仑、奉化大部分地区在 200～270 mm,宁海大部分地区、奉化东北部、余姚沿姚江地区、象山中南部在 270～340 mm,宁海西部山区及力洋、余姚梨洲、鄞州鄞江、奉化萧王庙、象山黄避岙可达 340 mm 以上。

台风能给宁波带来明显降水,是宁波重要的降水来源之一,对宁波经济等发展影响较大,因此,对台风降水包括日降水、过程降水可能出现的极值做一分析。

由图 5.4 发现,台风过程最大日降水量总体分布与上述最大日降水量分布较一致,呈"南部大、北部小,中部次之",慈溪、镇海及余姚北部 50 年一遇台风日最大降水量在 200 mm 以下,北仑、奉化及象山大部分地区在 200～300 mm,宁海大部、鄞州西部、余姚南部、象山西北部及奉化部分地区在 300 mm 以上。

由图 5.5 发现,台风过程最大降水量总体分布多数在 400 mm 以下,余姚西南部、鄞州西部、宁海中西部、奉化中部、象山西北部在 450 mm 以上。

5.5　大风

大风即年极大风速,一般出现在台风或强对流天气影响期间。

由图 5.6 发现,宁波 50 年一遇极大风速整体均不大,大部分地区在 30 m·s^{-1} 以下,慈溪、镇海、北仑、象山、宁海、余姚部分沿海地区及高山地区在 30 m·s^{-1} 以上,最大的是象山石浦及其海岛,极大风速可达 56 m·s^{-1}。

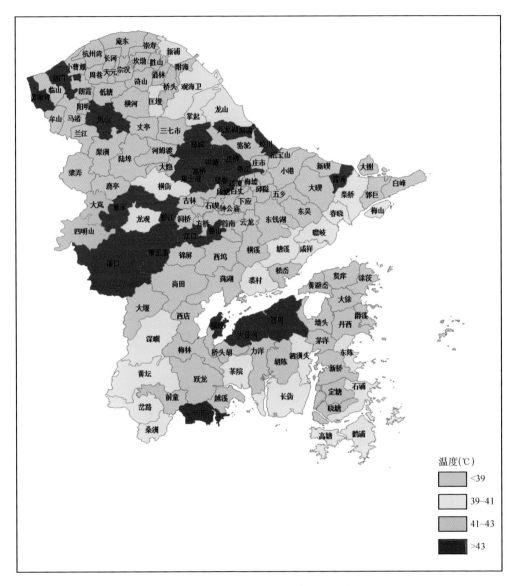

图 5.1　宁波市 50 年一遇最高气温分布图

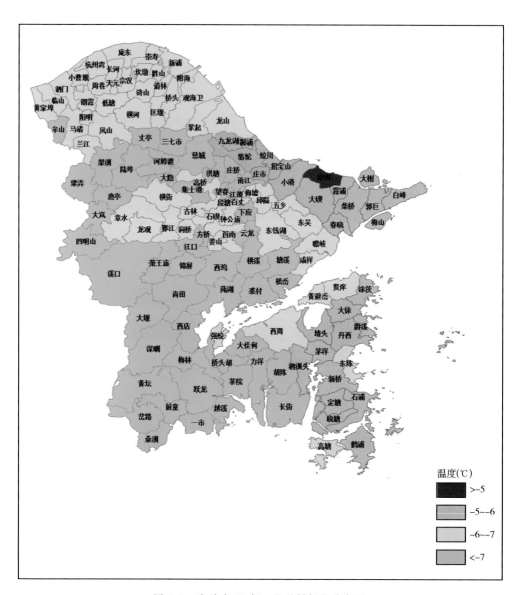

图 5.2　宁波市 50 年一遇最低气温分布图

温度(℃)

- ＞-5
- -5~-6
- -6~-7
- ＜-7

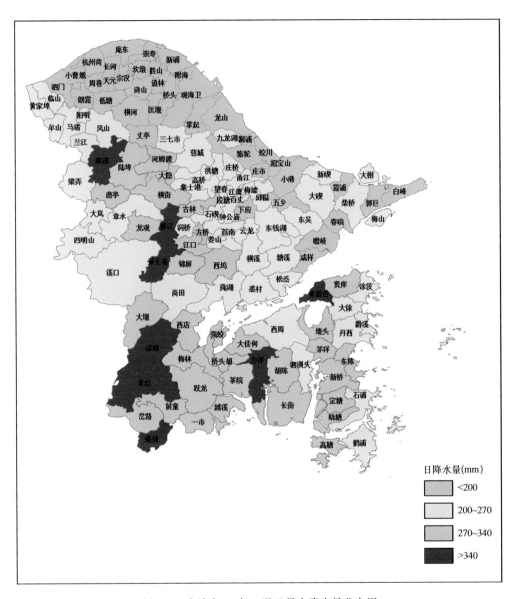

图 5.3 宁波市 50 年一遇日最大降水量分布图

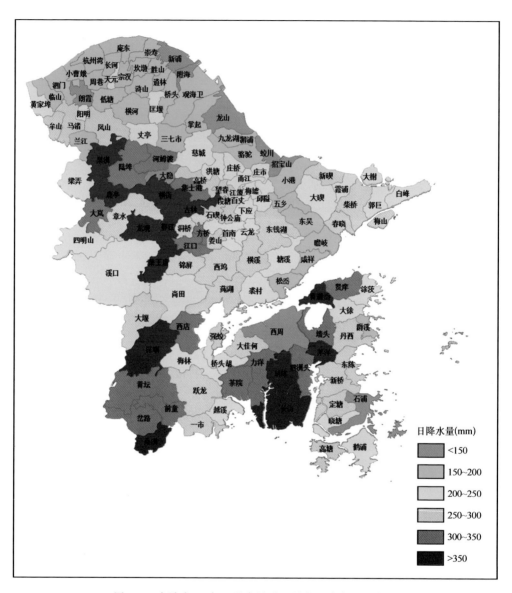

图 5.4　宁波市 50 年一遇台风过程最大日降水量分布图

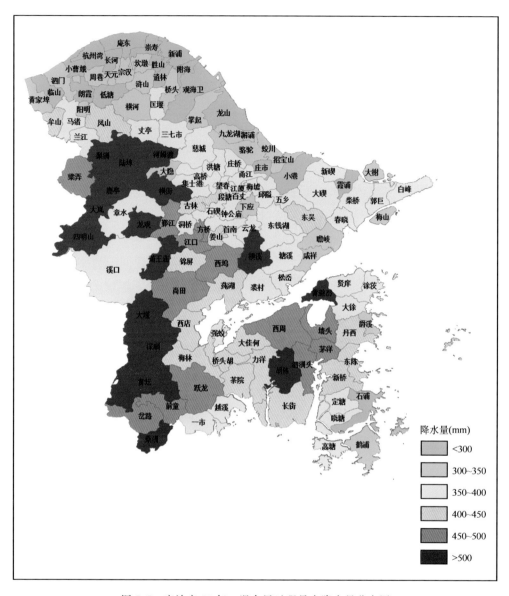

图 5.5 宁波市 50 年一遇台风过程最大降水量分布图

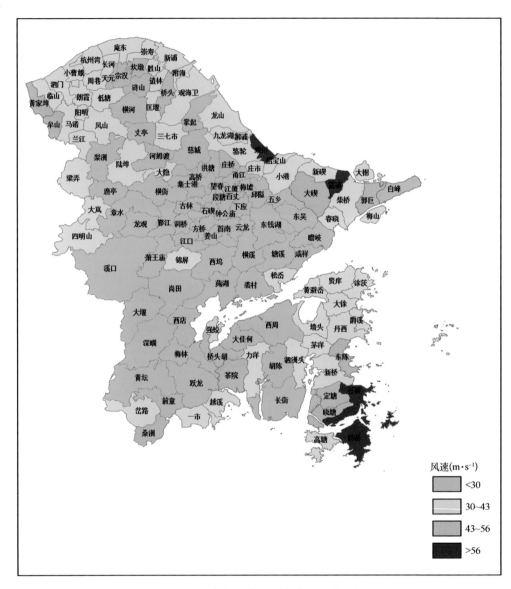

风速(m·s⁻¹)

<30

$30\sim43$

$43\sim56$

>56

图 5.6　宁波市 50 年一遇极大风速分布图

宁波是中国经济最发达的城市之一，也是气象灾害频发地区（宁波市重大气象灾害详见附录 2）。宁波位于中、低纬度的过渡地带，受西风带天气系统和低纬度东风带天气系统的共同影响，季风气候特征明显，由于冬夏季风强弱进退等变化每年有所不同，因而极易出现气象灾害。做好气象灾害的分析和风险评估，对主动防范气象灾害，提高防灾减灾能力，具有十分重要的意义。

6.1　灾害与风险概述

6.1.1　自然灾害风险概述

自然灾害风险（Natural disaster risk）是指一定的区域和给定的时间段内，由于某一个自然灾害而引起的人们生命财产和经济活动的期望损失值。本章基于自然灾害风险形成机制（图 6.1），引用自然灾害风险指数法（NDRI），即从孕灾环境稳定性、致灾因子危险性、承灾体脆弱性和防灾减灾能力 4 个方面综合考虑，其数学计算公式为：

$$自然灾害风险度＝危险性×敏感性×脆弱性×防灾减灾能力$$

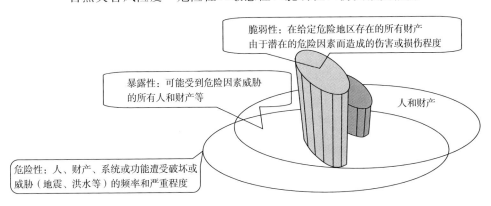

脆弱性：在给定危险地区存在的所有财产由于潜在的危险因素而造成的伤害或损伤程度

暴露性：可能受到危险因素威胁的所有人和财产等

人和财产

危险性：人、财产、系统或功能遭受破坏或威胁（地震、洪水等）的频率和严重程度

图 6.1　自然灾害风险形成机制示意图

6.1.2 风险评估的方法

根据气象与气候学、农业气象学、自然地理学、灾害学和自然灾害风险管理等基本理论,本文采用自然灾害风险指数法、层次分析法、加权综合评分法、专家决策打分法等数量化方法,在地理信息系统(Geographic Information System,GIS)技术和遥感技术的支持下对宁波市气象灾害风险进行分析和评价,编制气象灾害风险区划图。

1. 层次分析法(AHP)

层次分析法(Analytic Hierarchy Process,简称 AHP)是一种对指标进行定性定量分析的方法,特别适用于那些难于完全定量分析的问题。运用层次分析法建模大体上可按下面四个步骤进行:(1)建立递阶层次结构模型;(2)构造出各层次中的所有判断矩阵;(3)层次单排序及一致性检验;(4)层次总排序及一致性检验。通过以上四个步骤,最终计算量化每个指标的权重系数。

2. 加权综合评价法(WCA)

加权综合评价法综合考虑各个具体指标对评价因子的影响程度,即把各个指标作用的大小综合起来,用一个数量化指标加以集中。计算公式为:

$$G = \sum_{s=1}^{n}(W_s \times D_s) \tag{6.1}$$

式中 G 是评价因子的值,W_s 是指标 s 的权重系数,D_s 是指标 s 的规范化值,n 是评价指标个数。其中权重 W_s 表示的是各评价指标对所属评价因子的影响程度重要性,可以通过 AHP 方法结合专家决策打分得出。

6.1.3 数据来源

本区划所需的宁波市及其周边常规气象站和自动气象站的气象数据、遥感影像数据、行政区边界数据来自宁波气象局;气象灾害的灾情数据(如受灾面积、经济损失、人员伤亡等)来自宁波市民政局;社会经济数据(如人口、GDP 等)来自宁波市统计局;宁波市土地利用现状数据来自宁波市国土资源局;DEM 数据来自中国科学院计算机网络信息中心国际科学数据镜像网站;宁波市气象灾害风险评估详细流程见图 6.2。

6.2 气象灾害风险区划指标与风险模型

6.2.1 气象灾害风险区划评价指标的选取

气象灾害的致灾因子主要是能够引发灾害的气象事件,对气象灾害致灾因子的分析,主要考虑引发灾害的气象事件出现的时间、地点和强度。气象灾害强度、出现概率来自宁波境内常规气象站和自动站的气象要素资料,包括降水、温度、风、冰雹、低能见度、冰冻、大雪等致灾因子的出现概率和分布。

孕灾环境主要指受气象灾害影响地区的自然条件,如地形、河网分布、植被分布状况等,这些自然条件与气象灾害配合,在一定程度上能加强或减弱气象灾害及衍生灾害,直接影响灾情。

承灾体主要指社会经济条件(人口分布、经济发展水平等),它们是成灾的主要原因和重要因素。

人类的防灾抗灾能力包括防灾设施建设,灾害预报警报水平,减灾决策与组织实施的水平。

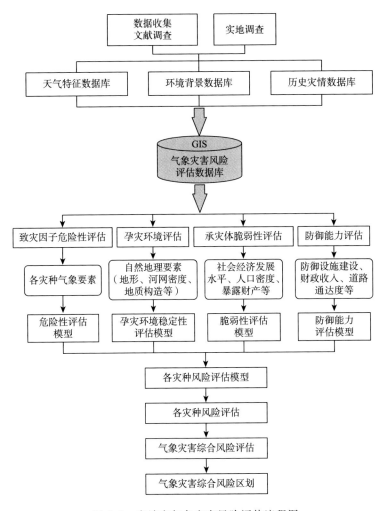

图 6.2　宁波市气象灾害风险评估流程图

6.2.2 气象灾害风险区划评价指标的量化

根据不同灾种风险概念框架选取不同的指标。由于所选指标的单位不同,为了便于计算,选用以下公式将各指标量化成可计算的 0~10 之间的无向量指标:

$$X'_{ij} = \frac{X_{ij} \times 10}{X_{imaxj}} \qquad (6.2)$$

式中 X'_{ij} 与 X_{ij} 相应表示象元 j 上指标 i 的量化值和原始值,X_{imaxj} 表示指标 i 在所有象元中的最大值。

6.2.3 分灾种风险模型的建立

考虑致灾因子危险性、孕灾环境暴露性、承灾体脆弱性和灾害防御能力,建立如下灾害风险指数评估模型:

$$D = (H_H^W)(E_E^W)(V_V^W)[0.1(1-a)R + a] \qquad (6.3)$$

$$H = \sum W_{Hk} X_{Hk} \qquad (6.4)$$

$$E = \sum W_{Ek} X_{Ek} \qquad (6.5)$$

$$V = \sum W_{Vk} X_{Vk} \qquad (6.6)$$

$$R = \sum W_{Rk} X_{Rk} \qquad (6.7)$$

式中 D 是各灾种灾害风险指数,其值越大,表示各灾种灾害风险程度越大;H、E、V、R 分别表示致灾因子危险性指数、孕灾环境暴露性指数、承灾体脆弱性指数和防灾减灾能力指数;W_H,W_E,W_V,W_R 相应地表示其权重;X_k 是指标 k 量化后的值;W_k 为指标 k 的权重,表示各指标对形成气象灾害风险的主要因子的相对重要性;变量 a 是常数($0 \leqslant a \leqslant 1$),用来描述防灾减灾能力对于减少总的 D 所起的作用,考虑宁波的实际情况,将 a 确定为 0.8。

基于 GIS 技术,利用灾情评估模型,结合历史灾情资料,采用层次分析、统计聚类分析、专家决策打分等方法,确定各灾种不同风险等级的空间分布,绘制各灾种气象灾害的风险区划图。

6.2.4 综合风险区划模型的建立

$$D' = \sum D_k W_k \qquad (6.8)$$

式中 D' 是气象灾害综合风险指数,D_k 是灾种 k 的风险指数,W_k 为灾种 k 的权重,是根据宁波市每个灾种的损失情况,采用层次分析法、专家决策打分法赋予台风、暴雨洪涝、干旱、大风、低温雨雪冰冻、高温、雷电、冰雹、大雾等的权重,计算气象灾害综合风险系数。最终在 GIS 技术的支持下,确定不同风险等级的空间分布状况,绘制气象灾害的综合风险区划图。

6.3 气象灾害风险分区

根据上述的风险区划原则和方法,综合考虑致灾因子、孕灾环境、承灾体三个方面确立风险评价指标体系,在 GIS 支持下,分别对气象灾种进行气象灾害风险区划。

6.3.1 台风

世界气象组织定义:中心持续风速在 12~13 级(32.7~41.4 m·s^{-1})的热带气旋为台风(typhoon)或飓风(hurricane)。北太平洋西部(赤道以北,国际日期线以西,100°E 以东)地区通常称其为台风,而北大西洋及东太平洋地区则普遍称之为飓风。按其强度以中心附近最大平均风力划分为热带低压、热带风暴、强热带风暴、台风、强台风和超强台风这六个等级。宁波市地处浙江东部沿海,几乎每年都要受到台风的影响,其破坏力主要由强风、暴雨和风暴潮三个因素引起,是宁波破坏性最强的气象灾害之一,本书将热带风暴及以上等级的热带气旋统称为台风(1956 年以来对宁波地区影响较大的台风详见附录 3)。

台风是宁波重大气象灾害之一,同时更是宁波重要气候资源之一,台风直接或间接带来的降水约占宁波总降水量的 60%,对改善宁波淡水供应和生态环境都有十分重要的意义,台风带来的充沛降水还能缓解高温酷暑,台风带来的持续大风可被用于风力发电。

以宁波市境内有 1 个以上台站(含 1 个)出现过程降水量≥200 mm 或阵风≥12级;或者过程雨量≥100 mm 并同时达到阵风≥10 级,作为严重影响宁波的台风标准。严重影响宁波的台风年均 1.26 个,主要集中在 7—9 月。

选取 2005 年大批自动气象站建站以来对宁波影响较大的台风个例,分析各站台风期间的极大风速与降水极值,对各站的风雨综合强度指数(I)进行计算。

$$x = \frac{R-25}{50}(若 R < 25,x 为 0) \tag{6.9}$$

$$y = \frac{f-13.6}{3.8}(若 f < 13.6,y 为 0) \tag{6.10}$$

$$I = Ax + By \tag{6.11}$$

式中 R 为气象站(包括自动站)过程降水量,单位:mm,f 为气象站(包括自动站)过程极大风速,单位:m·s^{-1}。I 为某气象站风雨综合强度指数,A、B 分别为降水、风速权重系数,取 0.6542 和 0.6848。x,y 分别为应用公式(6.11)经过订正后的台风过程降水量与最大风速。

受地理环境等因素影响,宁波各地的台风风雨综合强度具有一定的差异,总体上南部强于北部、沿海强于内陆,宁波市城市中心区有东南部山体作为屏障强度较小(图 6.3)。

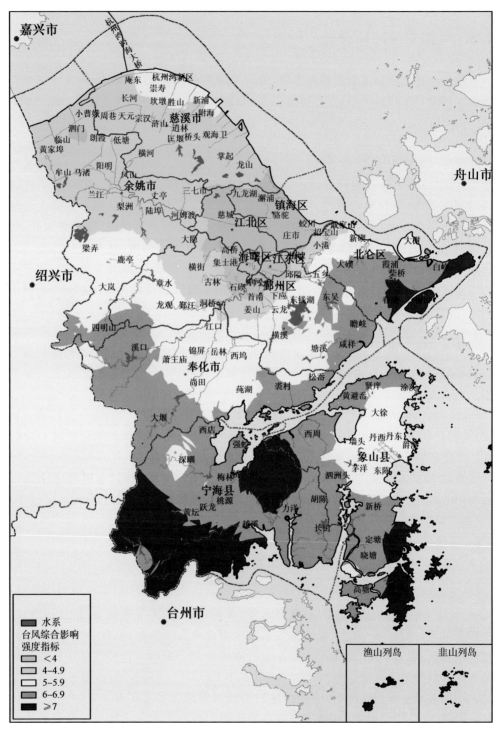

图 6.3　2005 年以来宁波市台风影响综合强度空间分布

应用信息扩散理论对 1987—2009 年宁波市各县(市、区)台风直接经济损失占GDP 比例进行概率风险分析表明,各县(市、区)经济损失风险等级中,宁波市南部沿海县市的象山、宁海及奉化,受台风登陆及影响相对频繁,受灾概率较高,经济损失风险达 6%,基本为 2 年一遇;其次为鄞州、镇海、慈溪及北仑,经济损失风险 2%,基本为 3~6 年一遇;余姚经济损失风险概率最小,经济损失风险 2% 为 10 年一遇(图6.4)。

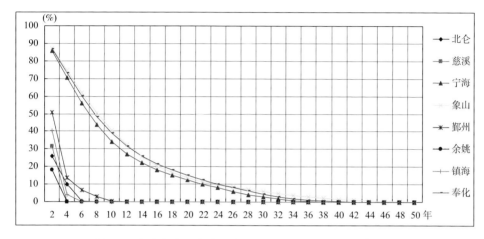

图 6.4 宁波市台风直接经济损失占 GDP 比例概率(%)分布

台风灾害致灾因子主要指台风带来的大风、暴雨的强度等,这是台风灾害产生的先决条件和原动力。台风孕灾环境主要指台风影响地区的自然条件,如地形起伏状况、河网分布等,这些自然条件与台风配合,在一定程度上能加强或减弱台风致灾因子及衍生灾害,直接影响灾情。台风灾害承灾体主要包括人口密度、地均产值、台风灾害对土地利用类型的潜在易损性等因子。

从风险区划(图 6.5)来看,东南沿海、城镇和部分山区台风灾害风险等级较高。象山沿海、宁海西南部和北部、奉化南部地区由于台风期间最大过程降水极值和最大过程极大风速较大,致灾因子危险性较高,导致这些地区台风灾害风险指数较高。其中奉化南部的南溪口、董家和宁海北部的雷虎站最大过程降水极值分别为510.4 mm、497.6 mm、476.8 mm,象山沿海的檀头山、杨柳坑和石浦站最大过程极大风速分别为 50.9 m·s^{-1}、49.7 m·s^{-1} 和 47.2 m·s^{-1}。奉化东部、鄞州西部和东部、北仑南部、余姚和慈溪北部绝大部分是山区,坡度较大,孕灾环境敏感性较高,台风灾害风险指数也较高。此外,在城镇分布较密集的地区,如各县(市、区)的城区、较大乡镇、工业密集区,台风灾害风险指数较高。一方面是由于植被覆盖度低、地形起伏较小,孕灾环境敏感性较高;另一方面这些地区经济较发达、人口密集、地均产值高,台风灾害对城镇用地和居民用地的潜在易损性较高,承灾体脆弱性较大。因此台风灾害风险指数较高。而在慈溪、余姚北部、鄞州中部和南部、镇海由于台风期

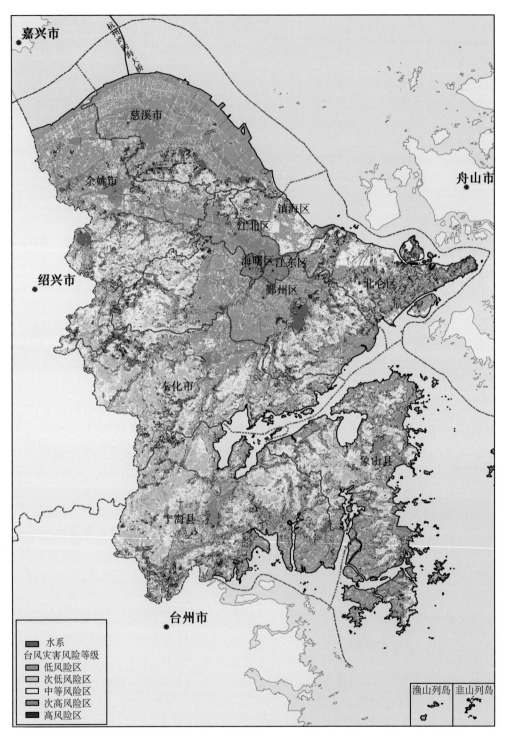

图 6.5　宁波市台风灾害风险区划等级空间分布

间最大过程降水极值和最大过程极大风速小,致灾因子危险性小;这些地区大部分植被覆盖度较高,孕灾环境敏感性较小;且该地区多以农林业为主,人口密度小、地均产值低,承灾体脆弱性较小;因此台风灾害风险指数低。

6.3.2 暴雨洪涝

洪涝灾害是指通常所说的洪灾和涝灾的总称。暴雨是引发洪涝灾害的直接因素,是宁波市发生比较频繁,危害比较严重的一种气象灾害。造成宁波市洪涝灾害的暴雨主要由三类天气系统产生,即台风暴雨、梅雨锋暴雨和强对流暴雨。台风暴雨具有强度强,持续时间长,受地形影响大等特点,大暴雨或特大暴雨多为台风暴雨,易形成山洪、滑坡、泥石流、积涝等灾害。梅雨锋暴雨则强度弱,持续时间长,范围大,可在数天内连续出现暴雨天气,易形成积涝、滑坡等灾害。强对流暴雨具有历时短,强度强,范围小,突发性强等特点,易形成山洪、泥石流、低洼地积水等灾害。宁波因暴雨洪涝受灾面积在 200 万亩[①]以上的有 1962 年、1992 年、1997 年和 2000 年。

从空间分布看,四明山区的东南面迎风坡,尤其是鄞余交界处暴雨较为集中,其次为北仑城区、镇海北部,发生暴雨较少的地区主要集中在象山湾、三门湾和余姚靠近宁波杭州湾(图 6.6)。

暴雨洪涝灾害致灾因子主要指暴雨洪涝影响程度和范围,是暴雨洪涝灾害产生的原动力和先决条件。选取暴雨年平均日数为暴雨洪涝灾害的致灾因子。孕灾环境主要指暴雨洪涝影响地区的地形状况、植被覆盖、河网密度等自然条件,它们在一定程度上能减弱或加强暴雨洪涝灾害及其衍生灾害。主要考虑地形起伏(地形标准差)、坡度、植被覆盖度与河网密度等因子。承灾体主要指暴雨洪涝灾害作用的对象。主要考虑人口密度、地均产值、暴雨洪涝灾害对土地利用类型的潜在易损性等因子。

综合以上要素,得出暴雨洪涝灾害风险指数分布(图 6.7),市三区、余姚城区、慈溪城区、北仑城区、镇海城区为灾害高风险区;鄞州南部、余姚北部、慈溪西部、宁海城区风险也较高;山区大部分地区人口和 GDP 密集度小,风险较低。

6.3.3 干旱

干旱是由于降水量在时间和空间上分布极不均匀,某地某段时间内降水量比常年同期明显偏少,土壤缺水,空气干燥,造成作物枯萎、人畜饮水不足等的灾害现象。据有关部门统计,宁波市 1949—2009 年干旱受灾面积超过 100 万亩的就有 7 年,其中 1961 年、1967 年和 1971 年成灾面积在 200 万亩以上。

---

① 1 亩 = 1/15 hm²。

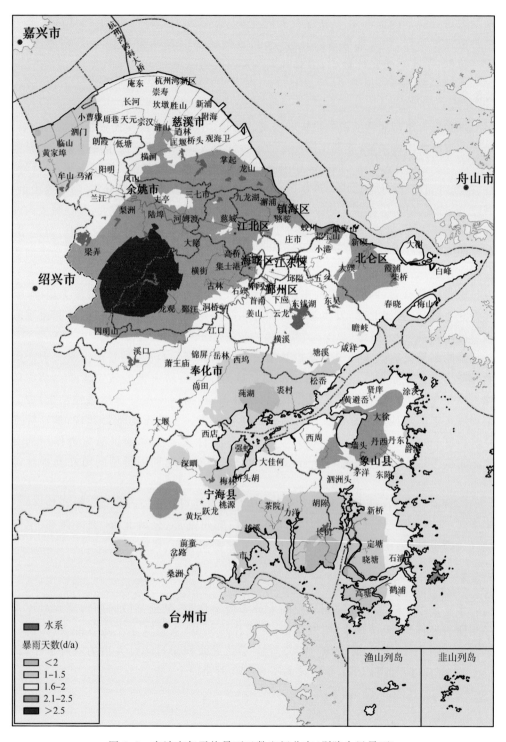

图 6.6　宁波市年平均暴雨日数空间分布（剔除台风暴雨）

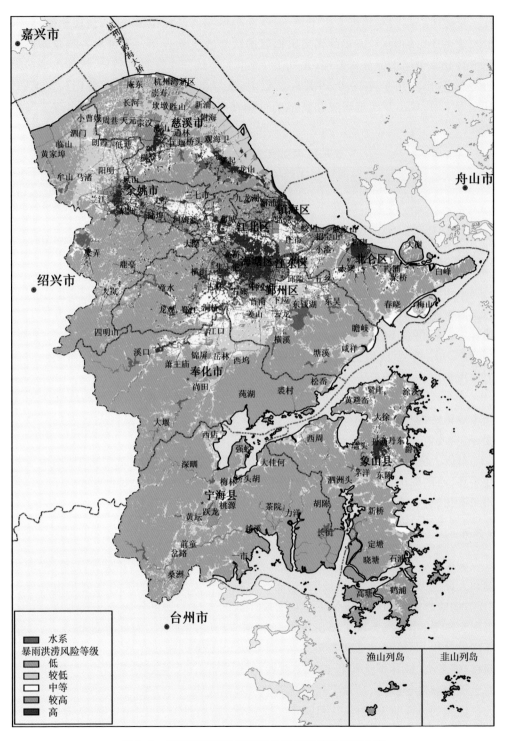

图 6.7 宁波市暴雨洪涝灾害风险区划等级空间分布

宁波市一年四季均可发生干旱,连年发生旱灾的情况也不少见,出现频率高,对工农业生产影响大、危害重的则属出梅后的伏旱或夏秋连旱。通过对各气象站降水距平百分率干旱指标分析发现(表6.1),干旱的地域分布有明显差异,伏旱出现最多的是慈溪,出现几率为17.9%,其次是象山;秋旱出现几率最大的是象山(22.2%),其次为宁海;象山年出现伏旱和秋旱的可能性高达37%,是宁波最容易出现干旱的地方。

表 6.1　宁波气象干旱出现几率(%)

出现地区	宁海	余姚	慈溪	奉化	鄞州	北仑	象山
伏旱	3.8	10.2	17.9	2.6	10.5	10.3	14.8
秋旱	18.9	8.2	10.7	10.3	12.3	15.4	22.2
伏旱和秋旱	22.6	18.4	28.6	12.8	22.8	25.6	37.0

采用综合气象干旱指数(《气象干旱等级》GB/T 20481—2006)计算发现,有气象记录以来宁波市一年中最长干旱持续时间超过100 d的有5年,出现几率为9.4%。随着宁波经济的快速发展和人口数量的增长,对水资源的依赖程度也在增加,2003—2004年,宁波遭受连续干旱,造成了工农业用水紧张,偏远农村、海岛的居民生活用水困难,经济损失巨大。

干旱致灾因子主要选取了气象上的干旱几率;将河网密度、地势高度作为孕灾环境敏感性指标;农业生产受干旱的影响最为显著,承灾体易损性主要考虑人口密度、地均产值、干旱对土地利用类型的潜在易损性等因子。

对以上因子进行加权叠加,得到宁波市干旱灾害风险区划(图6.8),象山由于地处半岛、河网稀疏,为干旱高风险区;慈溪北部、北仑东部干旱风险较高;市三区、鄞州和奉化地区,干旱风险度较低。

6.3.4　大风

大风是宁波最常见的一种灾害性天气,一年四季都会出现,给城市运营、生产建设和人民生命财产安全带来威胁、造成巨大损失。大风造成的灾害主要是由强风压引起,如同时遇低温等则灾情更重。影响宁波的大风大致可分为冷空气大风、台风、雷雨大风等,冷空气大风主要出现在冬春季节,具有范围广、时间长等特点,并伴随强降温过程;台风则以夏秋季节为主;雷雨大风主要出现在春夏季,具有范围小,时间短,强度大,破坏严重等特点。宁波西部的四明山区,地形复杂,在天气系统过境时由于山脉地形作用,易发生强对流天气与局地大风。

大风的风险区划主要从危险性、敏感性、脆弱性三个方面进行分析得到(图6.9),象山和北仑城区等东部沿海地区工业密集区为大风灾害高风险区,西部山区人口密度小和GDP低,其大部分地区大风灾害风险较低。

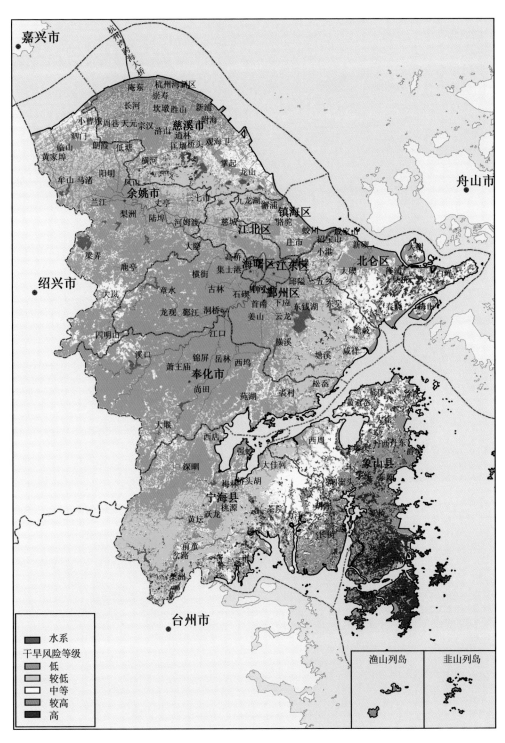

图 6.8　宁波市干旱灾害风险区划等级空间分布

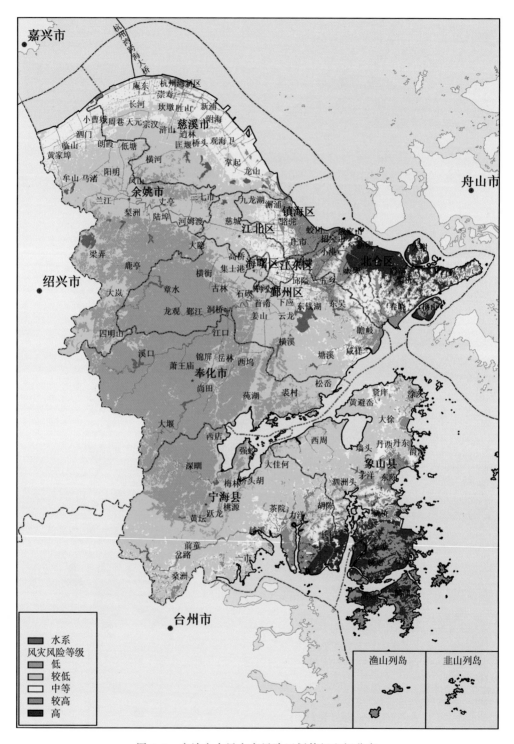

图 6.9　宁波市大风灾害风险区划等级空间分布

6.3.5 低温雨雪冰冻

冬季至初春,受寒潮等影响,常出现低温冰冻、连阴雨雪等灾害性天气。根据常规站及自动站日最低气温资料得到的宁波市日最低温度≤−3℃低温日数空间分布图(如图 6.10),可以看出,受海拔、纬度、海洋等因素影响,西部山区低温频次多于中部地区,东部沿海地区低温频次最少。

冬季当暖湿气流和南下冷空气共同影响时,如长时间维持低温天气,极易出现雨雪冰冻灾害,给人们生活带来极大不便,对农业、交通、电力等敏感行业带来很大影响或损失。随着全球气候变暖,宁波各站年均降雪日数、积雪日数有所减少。

低温雨雪冰冻灾害风险区划主要考虑致灾因子危险性、孕灾环境敏感性、承灾体脆弱性 3 个方面,选取年均−3℃以下天数和最大积雪深度、地形地貌、人口经济等作为评价因子。水体、河网等下垫面有一定的保温作用,可以有效减少低温发生的几率,所以孕灾环境敏感性主要考虑地形和河网密度因子;承灾体易损性主要以人口密度、地均产值、低温灾害对土地利用类型的潜在易损性等因子为基本要素。最后对 3 个方面的要素进行加权叠加,得到宁波市低温雨雪冰冻灾害风险区划(图6.11),可以看出,四明山区、宁海西部山区、宁海茶山等地区为冰冻灾害高风险区;慈溪北部、镇海和北仑沿海地区为冰冻灾害低风险区。

6.3.6 高温

高温热浪灾害主要是指日最高气温≥35℃以上,生物体因不能适应这种环境而引发各种灾害现象。宁波市由于受稳定而强大的副热带高压控制,盛夏季节经常会出现 35℃以上的高温,且主要集中在 7、8 月份,随着全球气候变暖影响加剧,宁波近年来高温日数有增多趋势。

高温风险区划主要选取地形地貌、高温天数、人口经济等作为评价因子。致灾因子主要选取了年平均高温天数;孕灾环境敏感性将河网密度、DEM 等作为指标;承灾体易损性主要选取人口密度、地均产值、高温对土地利用类型的潜在易损性等因子,最终得到宁波市高温灾害风险区划(图 6.12)。受海陆风、植被覆盖率、海拔高度和湖泊水体影响,宁波西部山区、东部沿海地区为高温的低风险区;受城市热岛效应影响,市三区、鄞州中心区、余姚和慈溪北部为高温灾害高风险区。

6.3.7 雷暴

雷暴一般出现在每年的 3—9 月,其中又以 7—8 月最多,占总雷暴日的 47.9%,其次为 3—6 月和 9 月,1—2 月和 10—12 月雷暴日最少。

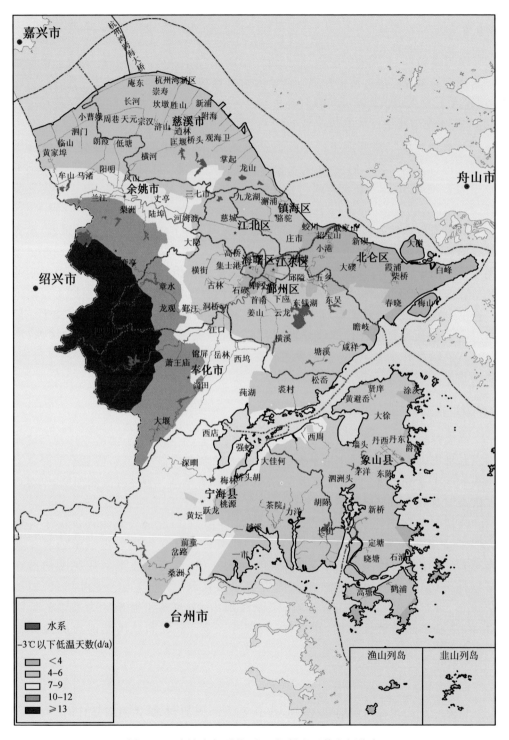

图 6.10　宁波市年平均≤-3℃低温日数空间分布

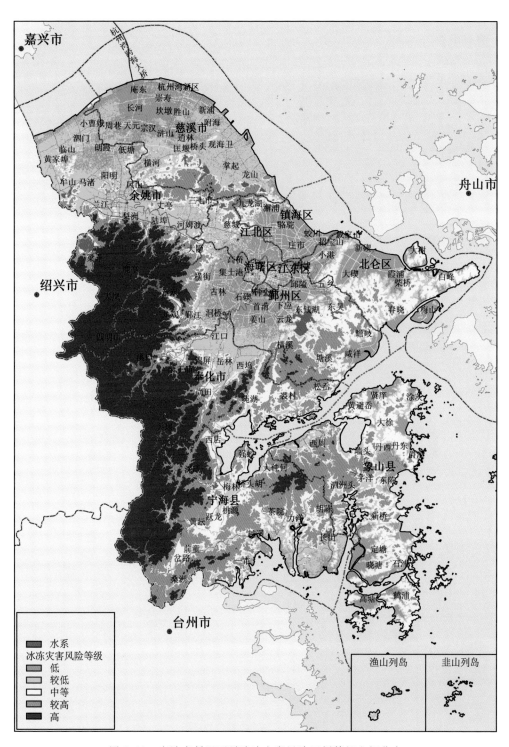

图 6.11　宁波市低温雨雪冰冻灾害风险区划等级空间分布

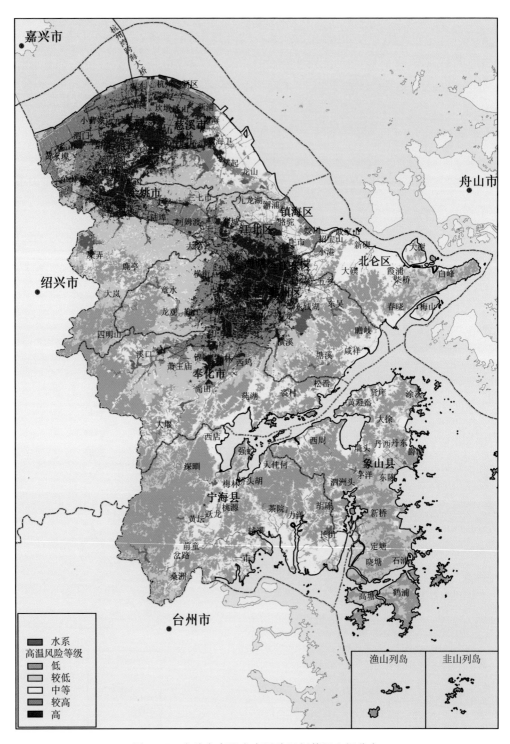

图 6.12　宁波市高温灾害风险区划等级空间分布

雷暴由于其成灾迅速、影响范围大、致灾方式多样,给预报和防治带来了极大的困难。雷暴灾害风险是指雷击发生及其造成损失的概率。雷暴危险性主要考虑地闪发生的频次,雷暴易损性主要考虑建筑物分布以及人口、经济密度进行加权叠加,得到雷暴灾害风险区划(图 6.13),雷暴频率发生高、人口密集、经济发展水平较高的市三区、鄞州、慈溪和余姚城区的雷暴灾害风险较高。

6.3.8　冰雹

冰雹是从发展强盛的积雨云中降落到地面的冰球或冰块,其直径一般为 5～50 mm,大的可达 30 cm 以上,常给人身安全、国民经济带来严重危害。宁波地区冰雹的出现一般均伴随有大风、龙卷风、雷暴等强对流天气现象,其气象成因主要与大气环流背景有关。3 月份,西风槽盛行,低空急流经常出现,冷暖空气活动异常剧烈,易出现强对流天气;5、6 月冷暖空气交替较为频繁,对流旺盛,极易形成冰雹云,尤其是中午至傍晚热对流旺盛,有利于冰雹的形成;7、8 月份,由于处在副热带高压边缘,易受热带辐合带上的热低压、台风、台风槽和东风波影响,多不稳定天气发生,易出现冰雹。据不完全统计发现,春季为冰雹多发季节,夏季次之。

冰雹灾害危险性主要考虑冰雹灾害发生的历史频率分布情况。冰雹脆弱性主要以人口密度、GDP 为基本要素,得到冰雹灾害风险区划(图 6.14),象山南部和余姚北部地区冰雹风险较低。

6.3.9　大雾

大雾风险区划主要考虑致灾因子和承灾体两方面,其中致灾因子主要考虑大雾分布和水系面密度,承灾体易损性以道路、人口和经济密度为基本单位,得到大雾灾害风险指数分布(图 6.15),市区和周边地区由于路网较为密集,大雾风险较高;四明山区和宁海山区大雾风险较低。

6.3.10　气象灾害综合风险区划

根据各气象灾害对宁波市造成的损失确定权值,将各灾种的风险指数进行叠加后计算综合风险指数,得到宁波市气象灾害综合风险(图 6.16),其中象山、宁海和奉化综合风险指数较高,市三区、北仑、鄞州和余姚地区次之,镇海综合风险指数较低。

101

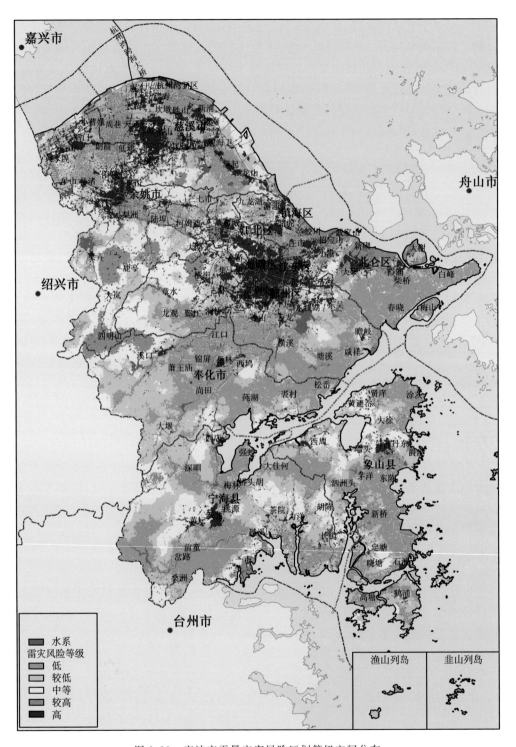

图 6.13　宁波市雷暴灾害风险区划等级空间分布

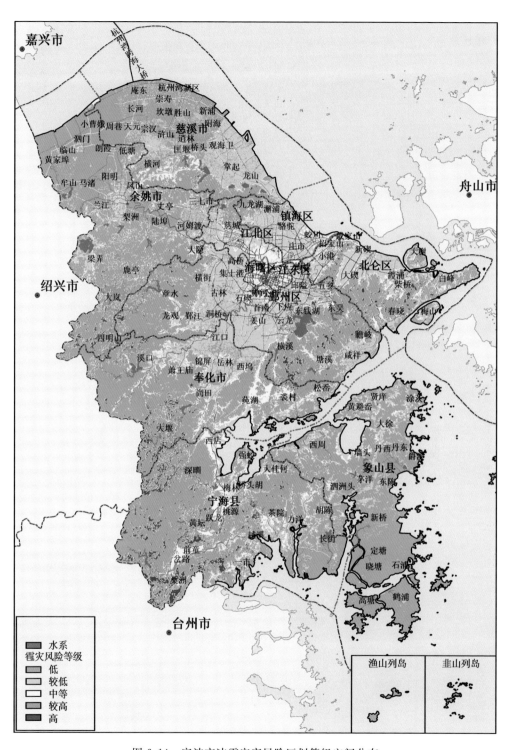

图 6.14　宁波市冰雹灾害风险区划等级空间分布

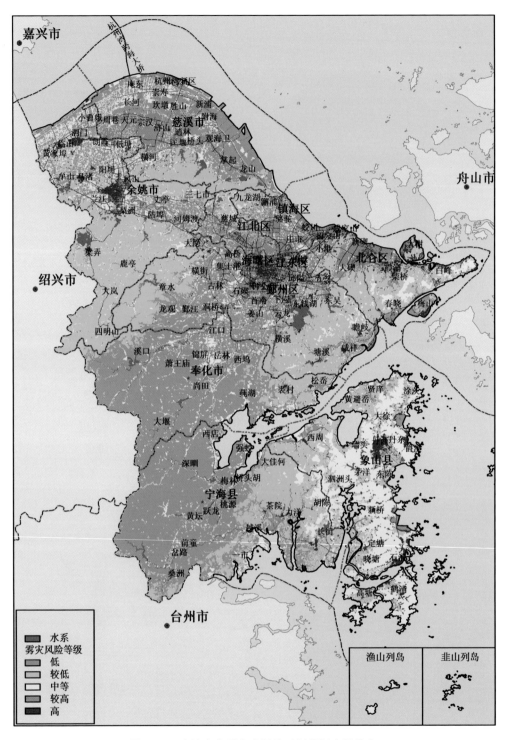

图 6.15　宁波市大雾灾害风险区划等级空间分布

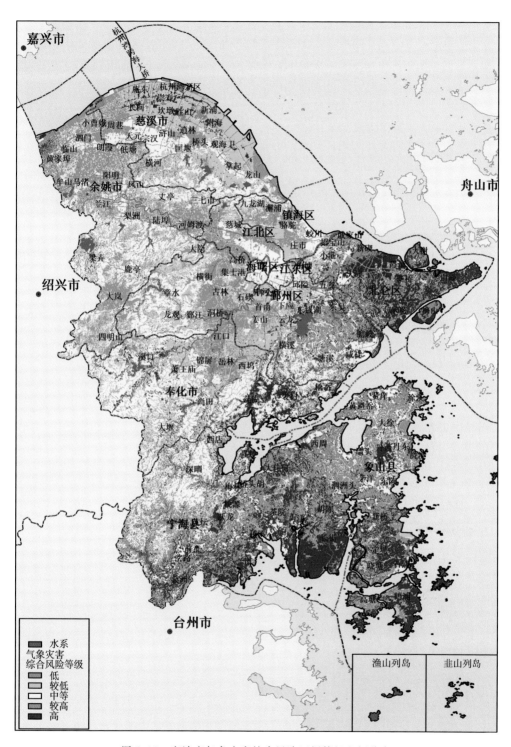

图 6.16 宁波市气象灾害综合风险区划等级空间分布

第 7 章

宁波市气候变化

随着全球气候变暖，全球环境正面临一个十分严峻的形势。2014 年 11 月 2 日，联合国政府间气候变化专门委员会(IPCC)在丹麦哥本哈根发布了 IPCC 第五次评估报告的《综合报告》，这是有史以来最全面的气候变化评估报告。报告指出人类对气候系统的影响是明确的，而且这种影响在不断增强，在世界各大洲都已观测到种种影响；如果任其发展，气候变化将会对人类和生态系统造成严重、普遍和不可逆转影响的可能性。

7.1　宁波市气候变化事实

7.1.1　气温上升明显

1990 年后，宁波气温以稳定升高为主，平均气温、最高气温、最低气温均有不同程度的上升，高温日数增多，低温日数减少。市区增温幅度最大，石浦增温幅度最小；冬季气温升高比夏季明显；年平均最高气温、年平均最低气温市区比石浦站上升迅速；年极端最高气温、年极端最低气温呈波动式缓慢升高；极端最低气温的地区差异呈减小趋势；地表温度也表现出明显的上升趋势。

7.1.2　强降水日数增加

宁波市年降水量没有明显的趋势性变化，但年降水日数、年小雨日数持续减少，中雨以上降水日数有所增多，年暴雨日数无明显趋势性变化。1990 年前与1990 年后相比，年平均大雨以上日数（日降水量≥25 mm）从 13.38 d 增至14.84 d，年平均强降水日数（日降水量≥50 mm 或 12 h 降水量≥30 mm）由3.05 d增至 3.52 d。

7.1.3　风速减小

以观测环境没有明显变化的石浦气象站为例，1980 年之前年平均风速多在平均值以上波动，1980 年之后多在平均值以下波动，且波幅减小。石浦站大风日数（日极大风速 8 级以上)累年平均为 66 d,最多的 1974 年达 112 d,最少的 2003 年仅 18 d;1988 年以前都在平均值以上,1991 年后大风日数都小于平均值,进入 21 世纪后大风日数减少趋势放缓。

7.1.4 极端气候事件增多

1. 高温酷热天气增多

宁波年高温日数(日最高气温≥35℃的天数)自 20 世纪 90 年代以来明显增多,极端最高气温屡创新高。市区 1960—1979 年年平均高温日数为 8 d,1990—1999 年增至 22 d,2000—2014年达 30 d。20 世纪极端最高气温仅为 39.5℃(1998 年),21 世纪极端最高气温已有 5 年超过 40℃,2013 年高达 42.1℃。

2. 低温日数持续减少

宁波年低温日数(日最低气温≤−5.0℃的天数)从 20 世纪 70 年代以前的年均 4 d,逐渐减少到 1970—1980 年的年均 1.8 d,近 20 年平均低温日数已不足 0.4 d。年最低气温呈明显升高态势。

3. 干旱程度加重

随着气温的持续升高,蒸发量增大,宁波的干旱程度越来越严重;年降水总量虽无明显的减少趋势,但单次降水强度增大,这种降水的时间、区域分布不均匀易造成局部严重的涝灾或者旱灾。进入 21 世纪以来干旱频频发生,2001 年出现了春旱;2003 年遭遇了自 1967 年以来最严重的夏秋连旱,从 5 月 24 日一直持续到 12 月 10 日,长达 201 d,是干旱持续时间最长的一年;2006 年出现了自 1988 年以来最严重的秋旱。

4. 强雷暴不断

近几年,宁波不时出现强对流天气,伴随着强雷暴、短时强降水、大风、冰雹等灾害性天气,造成多人伤亡和不同程度财产损失。

7.2 未来气候变化情景预估

7.2.1 预估数据来源

利用意大利国际理论物理中心(The Abdus Salam International Center for Theoretical Physics)开发的区域气候模式 RegCM 系列模式的最新版 RegCM3(单向嵌套日本 CCSR/NIES/FRCGC 的 MIROC3.2_hires 全球模式的输出结果),模式中心点取为 35°N、109°E,东西方向格点数为 288,南北方向为 219,模式的水平封边率为 25 km,范围覆盖整个中国区域及周边地区,截取宁波地理范围数据对当代以及 21 世纪区域气候变化的长时间连续模拟结果进行计算分析,采用相对于 1981—2010 年气候平均值的变化。

7.2.2 SRES 情景

SRES 情景指《IPCC 排放情景特别报告》中所描述的情景,分为探索可替代发展路径的四个情景族(A1、A2、B1 和 B2),涉及一系列人口、经济和技术驱动力以及由此产生的温室气体排放。SRES 情景不包括超出现有政策之外的其他气候政策。排放预估结果被广泛用于评估未来的气候变化:预估所依据的对社会经济、人口和技术变化所作的各种假设作为最近许多关于气候变化脆弱性和影响评估所考虑的基本内容。

A1 情景族描述了这样一个未来世界:经济增长非常快,全球人口数量峰值出现在 21 世纪中叶并随后下降,新的更高效的技术被迅速引进。主要特征是:地区间的趋同、能力建设、以及不断扩大的文化和社会的相互影响,同时伴随着地域间人均收入差距的实质性缩小。A1 情景族进一步化分为 3 组情景,分别描述了能源系统中技术变化的不同方向。以技术重点来区分,这 3 种 A1 情景组分别代表着化石燃料密集型(A1FI)、非化石燃料能源(A1T)、以及各种能源之间的平衡(A1B)(平衡在这里定义为:在所有能源的供给和终端利用技术平行发展的假定下,不过分依赖于某种特定能源)。

A2 情景族描述了一个极不均衡的世界。主要特征是:自给自足,保持当地特色。各地域间生产力方式的趋同异常缓慢,导致人口持续增长。经济发展主要面向区域,人均经济增长和技术变化是不连续的,低于其他情景的发展速度。

B1 情景族描述了一个趋同的世界:全球人口数量与 A1 情景族相同,峰值也出现在 21 世纪中叶并随后下降。所不同的是,经济结构向服务和信息经济方向迅速调整,伴之以材料密集程度的下降,以及清洁和资源高效技术的引进。其重点放在经济、社会和环境可持续发展的全球解决方案,其中包括公平性的提高,但不采取额外的气候政策干预。

B2 情景系列描述了这样一个世界:强调经济、社会和环境可持续发展的局地解决方案。在这个世界中,全球人口数量以低于 A2 情景族的增长率持续增长,经济发展处于中等水平,与 B1 和 A1 情景族相比技术变化速度较为缓慢且更加多样化。尽管该情景也致力于环境保护和社会公平,但着重点放在局地和地域层面。

SRES 所有的情景均应被同等对待,其不包括额外的气候政策干预,这意味着不包括明确假定执行《联合国气候变化框架公约》或《京都议定书》排放目标的各种情景。在《气候变化 2007:自然科学基础》中,对应于计算得出的 2100 年人为温室气体和气溶胶辐射强迫,解释性标志情景 SRES B1、A1T、B2、A1B、A2 和 A1F1 分别大致对应 600 ppm、700 ppm、800 ppm、850 ppm、1250 ppm 和 1550 ppm 等二氧化碳浓度当量。

7.2.3 气温

RegCM3 区域气候模式在 CO_2 高、中、低三种排放情景下,对 2011—2055 年宁波平均地面气温变化趋势的预估结果表明,三种排放情景下宁波平均地面气温都呈增暖趋势。图 7.1 为计算得到的 SRES 三种排放标志情景下宁波平均地面气温升高的模拟最佳估值。表 7.1 给出了在 SRES 三种排放标志情景下,宁波平均地面气温升高的最佳估值及其可能性范围。

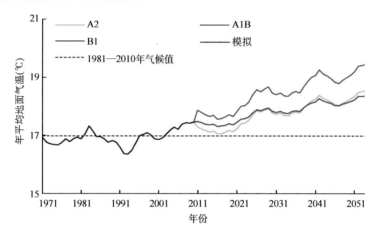

图 7.1 SRES 情景下模拟预估的宁波地区年平均地面气温的时间变化

表 7.1 宁波平均地面气温增温短、中、长期预估

		东亚		宁波	
		最佳估值(℃)	可能范围(℃)	最佳估值(℃)	可能范围(℃)
2020	A2	0.97	0.36~1.55	0.31	0.01~0.74
	A1B	0.89	0.36~1.50	0.82	0.73~0.91
	B1	0.92	0.38~1.42	0.56	0.01~1.40
2030	A2	1.21	0.51~1.95	0.93	0.33~1.31
	A1B	1.44	0.76~2.23	1.62	1.44~1.78
	B1	1.15	0.60~1.71	0.98	0.01~1.81
2050	A2	2.06	1.23~2.67	1.43	0.81~1.84
	A1B	2.26	1.29~3.19	2.26	2.05~2.53
	B1	1.70	0.94~2.67	1.34	0.27~2.19

注:表中东亚的范围为 60°~149°E,0.5°~69.5°N。

1971—2001 年,宁波地区年平均气温总体变化不大,在常年值(1981—2010 年平均值,17℃)附近波动,20 世纪起,呈现升高趋势。预估到 2020 年,三种情景下气温增幅差异不大,宁波平均地面气温比常年偏高 0.29～0.8℃,三种情景平均偏高 0.54℃;到 2030 年,宁波平均地面气温在 A1B 情景下较大,比常年增温幅度最大达 1.6℃,而 A2、B1 情景下增温幅度分别为 0.91℃、0.96℃,三种情景 2030 年宁波平均地面气温增温 1.18℃;到 2050 年,A2、A1B 情景下比常年增温幅度分别达 1.41℃、2.24℃,在 B1 情景下增温相对最小为 1.32℃,平均增温为 1.66℃。

7.2.4　降水

图 7.2 中可见宁波 1981—2010 年年降水量气候值为 1246.4 mm,20 世纪 70 年代偏多,80 年代偏少,90 年代呈 2～3 年震荡周期波动变化,2001—2010 年偏多。从未来变化趋势来看,在不同 SRES 情景下,主要表现为年际和年代际的波动,且波动周期较短,总体趋势性不明显。

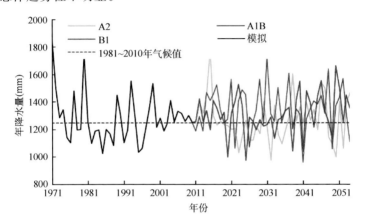

图 7.2　SRES 情景下模拟预估的宁波地区年降水量的时间变化

7.2.5　极端气候事件

热浪指数(HWDI):热浪持续天数,日平均最高温度高于 1961—1990 年 30 年的平均值 5℃ 及以上、并且连续 5 d 及以上的最长时期。单位:d。

连续干日(CDD):最大的连续无降水日数,降水日指日降水量＞1 mm。单位:d。有关研究认为,连续干日(CDD)可以用作表征干旱的指标之一。

中雨日数(R10):日平均降水量≥10 mm 的天数。单位:d。

五天最大降水量(R5d):最大的连续 5 d 降水量。单位:mm。

1. 热浪指数

图 7.3 中可见 1981—2010 年热浪指数气候值为 11.4 d,20 世纪 70、80 年代热浪发生较少,20 世纪 90 年代初至 21 世纪初明显偏多,21 世纪起呈增加趋势。从未来变化趋势来看,不同 SRES 情景下,宁波地区年平均 HWDI 在 2055 年以前三个 SRES 情景下都表现为增加趋势,且差异不大。

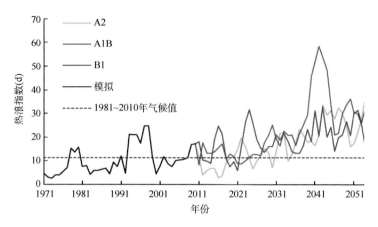

图 7.3　SRES 情景下模拟预估的宁波地区年平均 HWDI 的时间变化

2. 连续干日 CDD 变化

图 7.4 中可见 1981—2010 年连续干日气候值为 39 d,20 世纪 70 年代以偏多为主,80 年代至 90 年代中期偏少,1994—1996 年、2005—2010 年偏多,其余时段接近气候值。从未来变化趋势来看,SRES B1 情景下没有表现出明显的增加或减少趋势,呈 3～5 年震荡周期波动变化;SRES A1B 情景下,2034 年前增多明显,之后呈波动上升变化;SRES A2 情景下,2035 年前总体偏多,之后呈 3～5 年震荡周期波动变化。

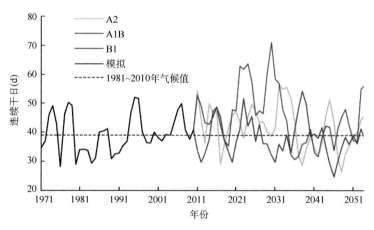

图 7.4　SRES 情景下模拟预估的宁波地区年平均 CDD 的时间变化

3. 中雨日数 R10 变化

图 7.5 中可见 1981—2010 年中雨日数气候值为 36.7 d,1981—2004 年呈 3～5 年震荡周期波动变化,2005—2010 年维持偏少趋势。从未来变化趋势来看,在 2055 年以前,年平均 R10 在三种情景下均表现为大多数年份较 1981—2010 年气候值低,但呈振荡变化,振荡幅度 B1 情景下最大。

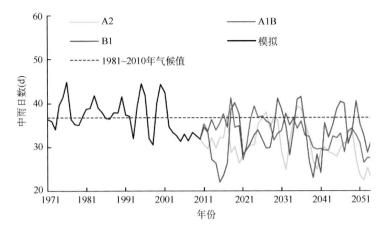

图 7.5　SRES 情景下模拟预估的宁波地区年平均 R10 的时间变化

4. 五天最大降水量 R5D 变化

图 7.6 中可见 1981—2010 年五天最大降水量气候值为 124.8 mm，期间呈 2～3 年震荡周期波动变化。从未来变化趋势来看，SRES A2、B1 情景下，年平均 R5D 在 2011—2055 年间呈整体偏少，在 2032 年前两种情景下变化差异不大，SRES A1B 情景下，呈明显波动变化，且变化幅度较大；2041 年后三种情景下总体差异不大。

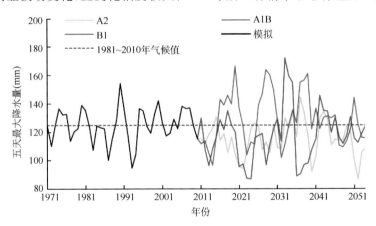

图 7.6　SRES 情景下模拟预估的宁波地区年平均 R5d 的时间变化

5. 未来极端气候事件变化特征

宁波地区热浪指数上升较明显，连续干日指数变化不明显，中雨日数指数、五天最大降水量指数呈偏少态势。总的来说，2055 年前宁波地区极端气候事件的频率波动较大，突发极端气候事件概率增强。

受气候模式资料、分析方法以及不同温室气体排放情景等多方面影响，当前对宁波地区极端气候事件的预估还存在较大的不确定性，有待进一步的研究。

7.3 宁波市近海海平面上升情况及预估

全球变暖导致海平面加速上升已是不争的事实,其主要原因是气候变暖导致的海水增温膨胀、陆源冰川和极地冰盖融化等。IPCC 第五次评估报告指出,1951—2012 年,全球表面气温的上升速率为 0.12 ℃·(10a)$^{-1}$。1971—2010 年,海洋上层 75 m 以上的海水温度上升速率为 0.11 ℃·(10a)$^{-1}$,全球海平面的上升速率为 2.0 mm·a^{-1}。

1980—2014 年,中国沿海海平面呈上升趋势,速率为 3.0 mm·a^{-1},高于全球海平面上升速率。

7.3.1 海平面上升情况

1993 年以来的资料只有卫星高度计观测的海平面变化情况。采用 29°~31°N,122°~124°E 这一范围的 TP 卫星高度计观测数据代表宁波沿海,时间为 1993—2007 年。图 7.7 显示了宁波年均海平面距平值,近 15 年来宁波沿海海平面上升速率达 5.8 mm·a^{-1},其中,2001 年海平面上升幅度较小,2002—2004 年海平面处于较高水位,2005 年水位回落,2006 年海平面又有较大的上升幅度。

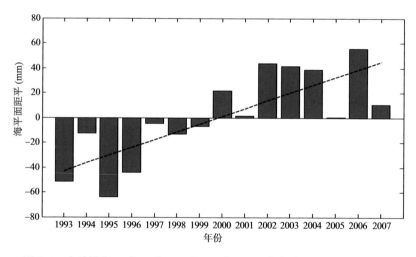

图 7.7 宁波沿海(29°~31°N,122°~124°E)卫星高度计观测的海平面变化

分析宁波近海四个验潮站(长涂、定海、镇海、西泽)长期监测数据,结果表明:20 世纪 60—90 年代,这四个验潮站海平面都呈上升趋势,其上升速率分别为 2.0 mm·a^{-1}、3.6 mm·a^{-1}、4.0 mm·a^{-1} 和 1.0 mm·a^{-1}(图 7.8)。上述四个观测站位于宁波和舟山,也就是在浙江沿海,采用这四个观测站数据可以代表宁波近海。

2014 年中国海平面公报显示,浙江沿海海平面比常年值高 134 mm,比 2013 年高 50 mm。

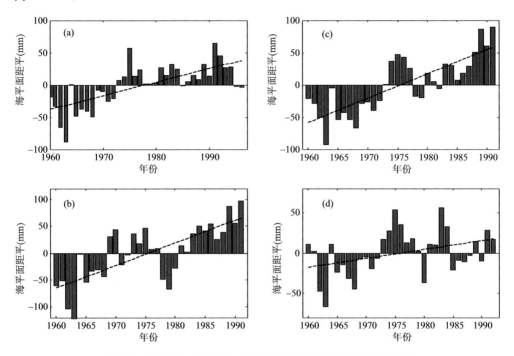

图 7.8 长涂(a)、定海(b)、镇海(c)和西泽(d)四站海平面变化

7.3.2 海平面变化预估

根据全球气候模式与中国区域气候模式的预估结果,21 世纪中国气候将继续明显变暖,到 2020 年中国的气温将平均上升 1.3～2.1℃,到 2030 年中国气温将可能升高 1.5～2.8℃,2050 年将升温 2.3～3.3℃,预计到 2050 年长江三角洲海平面将上升 90.3 cm。此外也有学者认为 2030 年长三角地区海平面将上升 16～34 cm,2050 年上升 25～68 cm。

2014 年中国海平面公报预计,未来 30 年,浙江沿海海平面将上升 70～145 mm。

7.4 气候变化的影响

1. 影响农业生产

农业对气候变化的敏感度最高,气候变化已经并将继续对宁波农业生产造成严重影响。气候变暖使农业热量资源增加,利于种植制度调整,中晚熟作物播种面积增加;但气候变化对农业的不利影响更加明显和突出,部分作物单产和品质降低、耕地质量下降、肥料和用水成本增加、农业灾害加重。一方面造成种植业重大损失,据不完全统计,近5年来宁波因极端气候而受灾的农作物面积占全部种植面积的比例平均在20%~30%左右;另一方面影响畜牧渔业生产,宁波牲畜、淡水及海水养殖业、渔业因气象灾害造成的损失呈上升趋势。

2. 危及财产和人身安全

受气候变化影响导致降水分布不均,部分地区发生干旱次数增多,饮水困难;另外,台风对沿海地区渔港、堤坝等基础设施带来灾难性破坏。

3. 加剧水资源分布不均

随着气候变暖,未来降水日数减少、强降水发生几率增加会导致宁波降水和水资源时空分布更加不均匀,振荡明显,阶段性干旱发生的几率增加。沿海、岛屿可能因降雨少而频发旱情,局部山区可能因短时强降雨而造成山洪等次生灾害。

4. 威胁自然生态系统稳定

气温升高将使宁波森林生态系统植被类型的垂直分布上移和水平分布北移,影响生物生长节律、分布、种群大小等,造成森林群落物种减少,导致结构和功能改变。一些溪源沼泽湿地随温度升高而出现干化趋势,湿地系统的涵养水源、调节气候等生态服务功能减弱。海温升高、海水酸化还将导致海洋渔业和珍稀濒危生物资源衰退。

5. 影响海岸带安全

气候变化导致海平面上升,使宁波海岸线存在发生改变的可能,加大对海堤的冲刷力度,影响到滩涂面积和质量,沿海低洼农田甚至被淹没,海水倒灌影响渔业生产,导致内陆农田盐碱化,直接威胁海岸带居民的生产和生活。

参考文献

丁燕,史培军.2002.台风灾害的模糊风险评估模型[J].自然灾害学报,11(1):34-43.

董加斌,胡波.2007.浙江沿海大风的天气气候概况[J].台湾海峡,26(4):476-483.

冯利华.1993.灾害损失的定量计算[J].灾害学,8(2):17-19.

郭建民,刘建勇,顾小丽,等.2014.宁波及周边下垫面对强对流生消、发展的影响初探[J].浙江气象,35(4):13-17,25.

胡波,丁烨毅,何利德,等.2014.基于模糊综合评价的宁波暴雨洪涝灾害风险区划[J].暴雨灾害,33(4):380-385.

胡波,严甲真,丁烨毅,等.2012.台风灾害风险区划模型[J].自然灾害学报,21(5):152-158.

黄鹤楼,胡波,丁烨毅,等.2013.宁波市气象灾害防御规划技术研究[M].宁波:宁波出版社.

黄嘉佑.2000.气象统计分析与预报方法[M].北京:气象出版社.

刘爱民,涂小萍,胡春蕾,等.2009.宁波气候和气候变化[M].北京:气象出版社.

刘杜鹃,叶银灿.2005.长江三角洲地区的相对海平面上升与地面沉降[J].地质灾害与环境保护,16(4):400-404.

卢文芳.1995.上海地区热带气旋灾情的评估和预测模式[J].自然灾害学报,4(3):40-45.

陆来龙,肖功建.2001.气象灾害及其防御[M].北京:气象出版社.

宁波气象志编纂委员会.2001.宁波气象志[M].北京:气象出版社.

牛彧文,顾骏强,浦静姣,等.2010.浙江城市区域灰霾天气的长期变化[J].热带气象学报,26(6):807-812.

欧阳晓光.2008.大气环境容量A-P值法中A值的修正算法[J].环境科学研究,21(1):37-40.

钱燕珍,张建勋,胡亚旦,等.2001.宁波市气候变化对水资源的影响[J].气象,27(6):51-54.

钱燕珍.2004.近120年西北太平洋及其登陆中国的热带气旋统计分析[J].浙江气象,25(2):6-9.

秦大河,丁一汇,苏纪兰,等.2005.中国气候与环境演变[M].北京:科学出版社.

沈明洁,谢志仁,朱诚.2002.中国东部全新世以来海面波动特征探讨[J].地球科学进展,17(6):886-894.

施雅风,朱季文,谢志仁,等.2000.长江三角洲及毗邻地区海平面上升影响预测与防治对策[J].中国科学(D),30(3):225-232.

石英,高学杰.2008.温室效应对我国东部地区气候影响的高分辨率数值试验[J].大气科学,32(5):1006-1018.

史培军.1991.灾害研究的理论与实践[J].南京大学学报(自然科学版)(专刊):37-42.

史培军.1996.再论灾害研究的理论与实践[J].自然灾害学报,5(4):6-17.

孙绍骋.2001.灾害评估研究内容与方法探讨[J].地理科学进展,20(2):122-130.

涂小萍,钱燕珍.2006.宁波市年降水量时空变化特征[J].气象科技,34(3):271-274.

汪宏七,赵高祥.1994.云和辐射[J].大气科学,18(增):910-932.

汪雅,苗峻峰,谈哲敏.2015.陆面过程参数化对宁波地区雷暴过程模拟的影响[J].大气科学学报,38(3):299-309.

汪雅,苗峻峰,谈哲敏.2013.宁波地区海—陆下垫面差异对雷暴过程影响的数值模拟[J].气象学报.71(6):1146-1159.

王建国,顾润源,薛德强,等.2005.山东气候[M].北京:气象出版社.

王艳,柴发合,刘厚永,等.2008.长江三角洲地区大气污染物水平输送场特征分析[J].环境科学研究,21(1):22-29.

徐大海,俎铁林,赵文德.1982.我国陆地大气污染系数的分布[J].中国环境科学,2(1):1-7.

许崇海,沈新勇,徐影.2007.IPCC AR4 模式对东亚地区气候模拟能力的分析[J].气候变化研究进展,3(5):287-292.

姚日升,涂小萍,杜坤,等.2015.两次冰雹过程边界层气象要素变化特征分析[J].高原气象,34(6).

俞科爱,徐宏辉,黄旋旋,等.2015.宁波秋冬季空气污染变化特征及污染物后向轨迹分析[J].浙江气象,36(1):27-31.

张会,张继权,韩俊山.2005.基于 GIS 技术的洪涝灾害风险评估与区划研究——以辽河中下游地区为例[J].自然灾害学报,14(6):141-146.

张继权,魏民.1994.加权综合评分法在区域玉米生产水平综合评价与等级分区中的应用[J].经济地理,14(5):19-21.

张晶晶,朱佳敏,谢华,等.2015.宁波两次冰雹过程雷达回波特征分析[J].浙江气象,36(2):5-10.

张南南,万军,苑魁魁,等.2014.空气资源评估方法及其在城市环境总体规划中的应用[J].环境科学学报,34(6):1572-1578.

张永恒,范广洲,马清云,等.2009.浙江省台风灾害影响评估模型[J].应用气象学报,20(6):772-776.

周福,陈海燕,娄伟平,等.2012.浙江省台风灾害评估与风险区划[M].杭州:浙江教育出版社.

周福,钱燕珍,金靓,等.2015.宁波海雾特征和预报着眼点[J].气象,41(4):438-446.

朱乾根,林锦瑞,寿绍文,等.2000.天气学原理和方法(第三版)[M].北京:气象出版社.

2006—2014 年海平面公报. http://www.coi.gov.cn/gongbao/haipingmian/.

Yim S H L,Fung J C H,Lau A K H. 2010. Use of high-resolution MM5/CALMET/CALPUFF system: SO₂ apportionment to air quality in Hong Kong[J]. Atmospheric Environment,44(38): 4850-4858.

附　录

附录 1　各乡镇(街道)各重现期气象要素值

附录 1.1　各乡镇(街道)各重现期最高气温表(单位:℃)

县/区	乡镇/街道	2 年一遇	5 年一遇	10 年一遇	20 年一遇	30 年一遇	50 年一遇	100 年一遇
海曙	月湖	39.3	41.1	42.3	43.5	44.1	44.9	46.0
	西门	39.3	41.1	42.3	43.5	44.1	44.9	46.0
	鼓楼	39.3	41.1	42.3	43.5	44.1	44.9	46.0
	南门	39.3	41.1	42.3	43.5	44.1	44.9	46.0
	江厦	39.3	41.1	42.3	43.5	44.1	44.9	46.0
	白云	39.3	41.1	42.3	43.5	44.1	44.9	46.0
	望春	39.3	41.1	42.3	43.5	44.1	44.9	46.0
	段塘	39.3	41.1	42.3	43.5	44.1	44.9	46.0
江东	东郊	37.8	39.2	40.2	41.1	41.6	42.2	43.1
	福明	37.8	39.2	40.2	41.1	41.6	42.2	43.1
	白鹤	37.8	39.2	40.2	41.1	41.6	42.2	43.1
	百丈	37.8	39.2	40.2	41.1	41.6	42.2	43.1
	东胜	37.8	39.2	40.2	41.1	41.6	42.2	43.1
	明楼	37.8	39.2	40.2	41.1	41.6	42.2	43.1
	东柳	37.8	39.2	40.2	41.1	41.6	42.2	43.1
	新明	37.8	39.2	40.2	41.1	41.6	42.2	43.1
江北	甬江	38.8	40.5	41.6	42.6	43.2	44.0	45.0
	庄桥	38.8	40.5	41.6	42.6	43.2	44.0	45.0
	洪塘	38.8	40.5	41.6	42.6	43.2	44.0	45.0
	中马	38.8	40.5	41.6	42.6	43.2	44.0	45.0
	白沙	38.8	40.5	41.6	42.6	43.2	44.0	45.0
	文教	38.8	40.5	41.6	42.6	43.2	44.0	45.0
	孔浦	38.8	40.5	41.6	42.6	43.2	44.0	45.0
	慈城	38.8	40.5	41.6	42.6	43.2	44.0	45.0

县/区	乡镇/街道	2年一遇	5年一遇	10年一遇	20年一遇	30年一遇	50年一遇	100年一遇
鄞州	首南	37.5	38.9	39.9	40.8	41.3	42.0	42.8
	高桥	38.7	40.3	41.3	42.4	42.9	43.7	44.6
	横街	35.8	37.4	38.5	39.6	40.2	40.9	41.9
	五乡	37.1	38.5	39.5	40.4	40.9	41.6	42.5
	古林	37.9	39.5	40.6	41.6	42.2	42.9	43.9
	龙观	35.5	36.9	37.8	38.7	39.3	39.9	40.8
	洞桥	38.3	39.8	40.8	41.7	42.3	43.0	43.9
	姜山	38.9	40.5	41.5	42.5	43.1	43.8	44.8
	横溪	37.7	39.2	40.1	41.0	41.6	42.2	43.1
	瞻岐	35.8	37.2	38.1	39.0	39.5	40.1	41.0
	咸祥	35.8	37.5	38.6	39.6	40.2	41.0	41.9
	邱隘	37.7	39.2	40.2	41.1	41.7	42.4	43.3
	鄞江	38.8	40.3	41.2	42.1	42.7	43.3	44.2
	章水	38.5	40.1	41.1	42.1	42.6	43.3	44.3
	东吴	38.0	39.4	40.3	41.1	41.6	42.3	43.1
	下应	37.7	39.1	40.1	41.0	41.5	42.2	43.1
	中河	37.8	39.4	40.4	41.3	41.9	42.6	43.5
	钟公庙	38.1	39.5	40.5	41.4	41.9	42.6	43.5
	石碶	38.0	39.4	40.3	41.1	41.6	42.3	43.1
	云龙	37.7	39.1	39.9	40.8	41.3	41.9	42.7
	塘溪	36.6	38.0	38.8	39.7	40.2	40.8	41.6
	集士港	38.7	40.3	41.4	42.4	43.0	43.7	44.7
镇海	招宝山	37.9	39.5	40.5	41.5	42.1	42.8	43.7
	骆驼	37.7	39.2	40.2	41.2	41.7	42.4	43.3
	澥浦	38.2	39.8	40.9	41.9	42.5	43.2	44.1
	九龙湖	38.8	40.3	41.3	42.2	42.8	43.4	44.3
	蛟川	38.3	39.9	41.0	42.1	42.7	43.4	44.4
	庄市	37.9	39.4	40.4	41.3	41.9	42.6	43.5
北仑	戚家山	36.6	38.2	39.2	40.2	40.7	41.4	42.4
	小港	37.9	39.2	40.1	40.9	41.4	42.1	42.9
	新碶	36.9	38.3	39.3	40.2	40.7	41.4	42.3
	大碶	36.9	38.4	39.3	40.2	40.8	41.4	42.3
	霞浦	38.0	39.6	40.7	41.8	42.4	43.1	44.1
	柴桥	36.1	37.6	38.6	39.5	40.0	40.7	41.6
	春晓	35.9	37.3	38.2	39.0	39.5	40.2	41.0
	白峰	36.3	37.8	38.9	39.8	40.4	41.1	42.1
	梅山	35.4	36.9	37.9	38.8	39.4	40.0	40.9
	大榭	36.4	38.0	39.0	39.9	40.5	41.2	42.1

县/区	乡镇/街道	2 年一遇	5 年一遇	10 年一遇	20 年一遇	30 年一遇	50 年一遇	100 年一遇
奉化	锦屏	37.8	39.4	40.5	41.5	42.1	42.8	43.8
	岳林	38.0	39.6	40.7	41.7	42.3	43.0	44.0
	江口	37.9	39.6	40.6	41.7	42.3	43.1	44.1
	西坞	38.1	39.6	40.7	41.7	42.3	43.0	44.0
	萧王庙	38.4	39.9	40.9	41.9	42.5	43.2	44.2
	溪口	37.9	39.3	40.2	41.1	41.7	42.5	43.1
	莼湖	36.7	38.2	39.3	40.2	40.8	41.5	42.4
	尚田	36.7	38.3	39.4	40.4	41.0	41.7	42.7
	大堰	37.2	38.7	39.7	40.7	41.2	41.9	42.9
	松岙	36.5	38.2	39.4	40.5	41.1	41.9	42.9
	裘村	36.3	37.8	38.8	39.8	40.3	41.0	41.9
慈溪	宗汉	37.4	38.6	39.4	40.1	40.6	41.1	41.8
	古塘	37.4	38.6	39.4	40.1	40.6	41.1	41.8
	白沙路	37.4	38.6	39.4	40.1	40.6	41.1	41.8
	浒山	37.4	38.6	39.4	40.1	40.6	41.1	41.8
	坎墩	37.4	38.6	39.4	40.1	40.6	41.1	41.8
	横河	38.9	40.1	40.9	41.6	42.0	42.6	43.3
	杭州湾新区	37.1	38.4	39.2	40.0	40.5	41.1	41.8
	桥头	37.5	38.6	39.4	40.1	40.6	41.1	41.8
	掌起	37.3	38.4	39.1	39.8	40.2	40.7	41.4
	庵东	37.4	38.6	39.5	40.3	40.7	41.3	42.1
	胜山	37.4	38.7	39.5	40.3	40.7	41.3	42.1
	长河	37.8	39.0	39.8	40.6	41.0	41.6	42.3
	周巷	37.6	38.7	39.5	40.3	40.7	41.3	42.0
	观海卫	36.4	37.6	38.3	39.0	39.4	40.0	40.7
	附海	37.6	38.9	39.7	40.5	41.0	41.5	42.3
	龙山	36.7	37.8	38.6	39.3	39.8	40.3	41.0
	逍林	37.7	39.0	39.9	40.7	41.1	41.7	42.5
	新浦	37.1	38.2	38.9	39.6	40.0	40.4	41.1
	崇寿	37.4	38.6	39.5	40.3	40.7	41.3	42.1
	天元	37.9	39.0	39.7	40.4	40.8	41.4	42.1
	匡堰	36.6	37.8	38.6	39.4	39.9	40.4	41.2

续表

县/区	乡镇/街道	2年一遇	5年一遇	10年一遇	20年一遇	30年一遇	50年一遇	100年一遇
宁海	西店	37.5	39.2	40.3	41.3	41.9	42.6	43.7
	深圳	36.4	37.8	38.7	39.5	40.0	40.6	41.5
	茶院	35.1	36.6	37.7	38.6	39.2	39.9	40.8
	黄坛	36.1	37.5	38.5	39.4	39.9	40.6	41.5
	越溪	36.0	37.6	38.7	39.8	40.4	41.1	42.1
	胡陈	37.2	38.6	39.6	40.5	41.0	41.6	42.5
	长街	35.9	37.4	38.4	39.3	39.9	40.6	41.5
	大佳何	37.7	39.5	40.7	41.9	42.5	43.3	44.4
	前童	37.4	38.8	39.8	40.7	41.2	41.8	42.7
	一市	37.9	39.7	40.9	42.0	42.7	43.5	44.6
	力洋	36.2	37.9	39.0	40.1	40.7	41.4	42.4
	桑洲	35.8	37.3	38.3	39.2	39.7	40.4	41.3
	梅林	37.6	39.2	40.3	41.3	41.9	42.7	43.6
	强蛟	38.0	39.8	41.1	42.2	42.9	43.7	44.8
	桥头胡	37.6	39.2	40.3	41.3	41.9	42.7	43.6
	桃源	37.0	38.5	39.5	40.4	41.0	41.7	42.6
	跃龙	37.0	38.5	39.5	40.4	41.0	41.7	42.6
	岔路	36.3	37.7	38.7	39.6	40.1	40.7	41.6
余姚	小曹娥	37.7	39.3	40.3	41.3	41.9	42.6	43.6
	黄家埠	37.9	39.6	40.7	41.8	42.4	43.1	44.1
	牟山	38.4	39.9	40.8	41.7	42.3	42.9	43.8
	阳明	37.4	38.8	39.7	40.6	41.1	41.7	42.5
	三七市	38.6	40.0	40.9	41.8	42.3	42.9	43.8
	兰江	37.7	39.0	40.0	40.8	41.3	42.0	42.8
	大隐	38.0	39.4	40.3	41.2	41.7	42.4	43.2
	梁弄	38.4	39.7	40.6	41.5	42.0	42.6	43.5
	鹿亭	37.4	38.6	39.4	40.2	40.7	41.2	42.0
	大岚	34.9	36.1	36.9	37.6	38.0	38.6	39.3
	四明山	32.8	34.1	35.0	35.9	36.4	37.0	37.8
	河姆渡	37.5	38.9	39.8	40.7	41.2	41.9	42.7
	泗门	38.6	40.1	41.0	42.0	42.5	43.2	44.1
	低塘	38.1	39.4	40.3	41.2	41.7	42.3	43.2
	朗霞	38.3	39.7	40.6	41.4	42.0	42.6	43.4
	凤山	38.7	40.1	41.0	41.9	42.4	43.0	43.9
	临山	38.3	39.7	40.7	41.6	42.1	42.8	43.6
	马渚	38.2	39.6	40.5	41.4	41.9	42.5	43.4
	丈亭	37.9	39.1	39.9	40.7	41.2	41.7	42.5
	陆埠	38.0	39.4	40.3	41.1	41.6	42.2	43.1
	梨洲	37.8	39.1	39.9	40.7	41.2	41.8	42.6

续表

县/区	乡镇/街道	2年一遇	5年一遇	10年一遇	20年一遇	30年一遇	50年一遇	100年一遇
象山	丹东	36.7	38.3	39.3	40.3	40.9	41.6	42.6
	丹西	36.7	38.3	39.3	40.3	40.9	41.6	42.6
	爵溪	36.0	37.8	39.0	40.0	40.7	41.5	42.5
	石浦	35.0	36.7	37.8	38.8	39.4	40.2	41.2
	西周	38.3	40.0	41.2	42.2	42.8	43.6	44.7
	鹤浦	34.5	36.0	37.0	38.0	38.5	39.2	40.1
	贤庠	36.5	38.1	39.2	40.2	40.8	41.6	42.6
	定塘	36.6	38.2	39.2	40.2	40.8	41.5	42.5
	墙头	37.1	38.7	39.8	40.9	41.5	42.2	43.2
	泗洲头	35.8	37.4	38.5	39.5	40.1	40.9	41.9
	涂茨	36.3	37.9	39.0	39.9	40.5	41.2	42.2
	大徐	37.1	38.7	39.8	40.8	41.4	42.1	43.1
	新桥	36.4	37.9	38.9	39.8	40.4	41.0	42.0
	东陈	35.5	37.1	38.1	39.1	39.6	40.4	41.3
	晓塘	35.9	37.6	38.8	39.9	40.5	41.3	42.3
	黄避岙	36.3	37.9	38.9	39.9	40.5	41.2	42.1
	茅洋	37.0	38.6	39.7	40.7	41.3	42.0	43.0
	高塘岛	34.9	36.4	37.4	38.4	38.9	39.6	40.6

附录 1.2　各乡镇(街道)各重现期最低气温表(单位:℃)

县/区	乡镇/街道	2年一遇	5年一遇	10年一遇	20年一遇	30年一遇	50年一遇	100年一遇
海曙	月湖	−2.4	−4.1	−5.2	−6.4	−7.0	−7.8	−9.0
	西门	−2.4	−4.1	−5.2	−6.4	−7.0	−7.8	−9.0
	鼓楼	−2.4	−4.1	−5.2	−6.4	−7.0	−7.8	−9.0
	南门	−2.4	−4.1	−5.2	−6.4	−7.0	−7.8	−9.0
	江厦	−2.4	−4.1	−5.2	−6.4	−7.0	−7.8	−9.0
	白云	−2.4	−4.1	−5.2	−6.4	−7.0	−7.8	−9.0
	望春	−2.4	−4.1	−5.2	−6.4	−7.0	−7.8	−9.0
	段塘	−2.4	−4.1	−5.2	−6.4	−7.0	−7.8	−9.0
江东	东郊	−1.9	−3.3	−4.3	−5.3	−5.9	−6.6	−7.6
	福明	−1.9	−3.3	−4.3	−5.3	−5.9	−6.6	−7.6
	白鹤	−1.9	−3.3	−4.3	−5.3	−5.9	−6.6	−7.6
	百丈	−1.9	−3.3	−4.3	−5.3	−5.9	−6.6	−7.6
	东胜	−1.9	−3.3	−4.3	−5.3	−5.9	−6.6	−7.6
	明楼	−1.9	−3.3	−4.3	−5.3	−5.9	−6.6	−7.6
	东柳	−1.9	−3.3	−4.3	−5.3	−5.9	−6.6	−7.6
	新明	−1.9	−3.3	−4.3	−5.3	−5.9	−6.6	−7.6

县/区	乡镇/街道	2 年一遇	5 年一遇	10 年一遇	20 年一遇	30 年一遇	50 年一遇	100 年一遇
江北	甬江	−2.2	−3.6	−4.7	−5.7	−6.3	−7.1	−8.1
	庄桥	−2.2	−3.6	−4.7	−5.7	−6.3	−7.1	−8.1
	洪塘	−2.2	−3.6	−4.7	−5.7	−6.3	−7.1	−8.1
	中马	−2.2	−3.6	−4.7	−5.7	−6.3	−7.1	−8.1
	白沙	−2.2	−3.6	−4.7	−5.7	−6.3	−7.1	−8.1
	文教	−2.2	−3.6	−4.7	−5.7	−6.3	−7.1	−8.1
	孔浦	−2.2	−3.6	−4.7	−5.7	−6.3	−7.1	−8.1
	慈城	−2.2	−3.6	−4.7	−5.7	−6.3	−7.1	−8.1
鄞州	首南	−2.0	−3.4	−4.5	−5.5	−6.1	−6.8	−7.8
	高桥	−2.0	−3.4	−4.5	−5.5	−6.1	−6.8	−7.8
	横街	−2.1	−3.5	−4.5	−5.4	−6.0	−6.7	−7.6
	五乡	−2.0	−3.4	−4.5	−5.5	−6.0	−6.8	−7.7
	古林	−2.0	−3.4	−4.5	−5.5	−6.0	−6.8	−7.7
	龙观	−2.1	−3.5	−4.5	−5.5	−6.0	−6.7	−7.7
	洞桥	−2.0	−3.4	−4.4	−5.4	−6.0	−6.7	−7.7
	姜山	−2.1	−3.6	−4.6	−5.6	−6.2	−7.0	−8.0
	横溪	−2.2	−3.6	−4.7	−5.7	−6.3	−7.0	−8.0
	瞻岐	−2.1	−3.5	−4.5	−5.5	−6.1	−6.8	−7.8
	咸祥	−2.1	−3.5	−4.5	−5.6	−6.1	−6.9	−7.9
	邱隘	−2.0	−3.4	−4.4	−5.4	−6.0	−6.7	−7.7
	鄞江	−2.2	−3.7	−4.7	−5.7	−6.3	−7.0	−7.9
	章水	−2.2	−3.6	−4.6	−5.6	−6.2	−6.9	−7.8
	东吴	−2.2	−3.6	−4.6	−5.6	−6.2	−6.9	−7.9
	下应	−2.2	−3.6	−4.7	−5.7	−6.3	−7.0	−8.0
	中河	−2.1	−3.5	−4.5	−5.4	−6.0	−6.7	−7.7
	钟公庙	−2.1	−3.5	−4.5	−5.4	−6.0	−6.7	−7.7
	石碶	−2.1	−3.5	−4.5	−5.5	−6.1	−6.8	−7.7
	云龙	−2.3	−3.7	−4.7	−5.7	−6.3	−7.0	−8.0
	塘溪	−2.6	−4.1	−5.1	−6.1	−6.7	−7.5	−8.4
	集士港	−2.3	−3.7	−4.7	−5.7	−6.3	−7.0	−8.0
镇海	招宝山	−1.5	−2.7	−3.5	−4.3	−4.8	−5.4	−6.2
	骆驼	−1.8	−3.0	−3.9	−4.7	−5.2	−5.8	−6.7
	澥浦	−1.4	−2.6	−3.4	−4.2	−4.7	−5.3	−6.1
	九龙湖	−1.7	−2.9	−3.8	−4.6	−5.1	−5.7	−6.5
	蛟川	−1.5	−2.7	−3.5	−4.3	−4.8	−5.4	−6.2
	庄市	−1.4	−2.6	−3.4	−4.2	−4.7	−5.2	−6.0

县/区	乡镇/街道	2 年一遇	5 年一遇	10 年一遇	20 年一遇	30 年一遇	50 年一遇	100 年一遇
北仑	戚家山	−1.3	−2.4	−3.1	−3.9	−4.4	−4.9	−5.7
	小港	−1.8	−2.9	−3.8	−4.6	−5.1	−5.7	−6.5
	新碶	−1.2	−2.3	−3.1	−3.8	−4.3	−4.9	−5.6
	大碶	−1.4	−2.5	−3.3	−4.1	−4.6	−5.1	−5.9
	霞浦	−1.5	−2.6	−3.4	−4.2	−4.7	−5.3	−6.1
	柴桥	−1.5	−2.6	−3.4	−4.2	−4.7	−5.3	−6.1
	春晓	−1.7	−2.8	−3.6	−4.5	−4.9	−5.5	−6.4
	白峰	−1.8	−2.9	−3.7	−4.5	−5.0	−5.6	−6.4
	梅山	−1.5	−2.7	−3.5	−4.3	−4.8	−5.4	−6.2
	大榭	−1.4	−2.5	−3.3	−4.1	−4.6	−5.2	−6.0
奉化	锦屏	−2.5	−4.0	−5.0	−6.0	−6.6	−7.4	−8.3
	岳林	−2.3	−3.8	−4.8	−5.8	−6.4	−7.1	−8.1
	江口	−2.5	−4.0	−5.0	−6.0	−6.6	−7.3	−8.3
	西坞	−2.4	−3.9	−4.9	−5.9	−6.5	−7.2	−8.2
	萧王庙	−2.5	−4.0	−5.0	−6.0	−6.6	−7.3	−8.3
	溪口	−2.4	−3.9	−5.0	−6.0	−6.5	−7.3	−8.2
	莼湖	−2.7	−4.2	−5.3	−6.4	−6.9	−7.7	−8.7
	尚田	−2.9	−4.4	−5.5	−6.5	−7.1	−7.8	−8.8
	大堰	−3.0	−4.6	−5.6	−6.7	−7.3	−8.0	−9.0
	松岙	−2.3	−3.8	−4.8	−5.8	−6.3	−7.1	−8.0
	裘村	−2.6	−4.1	−5.1	−6.2	−6.7	−7.5	−8.4
慈溪	宗汉	−1.9	−3.2	−4.2	−5.1	−5.7	−6.3	−7.3
	古塘	−1.9	−3.2	−4.2	−5.1	−5.7	−6.3	−7.3
	白沙路	−1.9	−3.2	−4.2	−5.1	−5.7	−6.3	−7.3
	浒山	−1.9	−3.2	−4.2	−5.1	−5.7	−6.3	−7.3
	坎墩	−1.9	−3.2	−4.2	−5.1	−5.7	−6.3	−7.3
	横河	−2.0	−3.4	−4.3	−5.3	−5.8	−6.5	−7.5
	杭州湾新区	−1.9	−3.3	−4.2	−5.2	−5.7	−6.4	−7.4
	桥头	−1.8	−3.1	−4.1	−5.0	−5.5	−6.2	−7.1
	掌起	−1.8	−3.1	−4.1	−5.0	−5.6	−6.2	−7.1
	庵东	−1.7	−3.0	−3.9	−4.8	−5.4	−6.0	−6.9
	胜山	−2.0	−3.3	−4.3	−5.2	−5.8	−6.5	−7.4
	长河	−1.8	−3.1	−4.1	−5.0	−5.6	−6.2	−7.1
	周巷	−1.7	−3.0	−3.9	−4.8	−5.4	−6.0	−6.9
	观海卫	−2.0	−3.3	−4.2	−5.2	−5.7	−6.4	−7.3
	附海	−1.9	−3.3	−4.2	−5.2	−5.7	−6.4	−7.3
	龙山	−2.1	−3.4	−4.4	−5.4	−5.9	−6.6	−7.5
	逍林	−2.1	−3.5	−4.4	−5.4	−5.9	−6.6	−7.5
	新浦	−2.1	−3.4	−4.4	−5.3	−5.9	−6.5	−7.4
	崇寿	−1.7	−3.0	−3.9	−4.8	−5.4	−6.0	−6.9
	天元	−2.0	−3.4	−4.3	−5.2	−5.8	−6.5	−7.4
	匡堰	−2.1	−3.4	−4.3	−5.2	−5.7	−6.4	−7.3

县/区	乡镇/街道	2 年一遇	5 年一遇	10 年一遇	20 年一遇	30 年一遇	50 年一遇	100 年一遇
宁海	西店	−2.4	−4.0	−5.1	−6.1	−6.7	−7.5	−8.5
	深圳	−2.7	−4.2	−5.3	−6.3	−6.9	−7.6	−8.6
	茶院	−2.4	−3.9	−4.9	−5.9	−6.5	−7.2	−8.2
	黄坛	−2.7	−4.2	−5.2	−6.3	−6.9	−7.6	−8.6
	越溪	−2.3	−3.8	−4.8	−5.8	−6.4	−7.1	−8.1
	胡陈	−2.7	−4.3	−5.4	−6.5	−7.1	−7.9	−8.9
	长街	−2.5	−4.1	−5.2	−6.3	−6.9	−7.7	−8.7
	大佳何	−2.4	−3.9	−5.0	−6.0	−6.6	−7.4	−8.4
	前童	−2.8	−4.4	−5.5	−6.6	−7.2	−8.0	−9.0
	一市	−2.1	−3.6	−4.7	−5.7	−6.3	−7.0	−8.0
	力洋	−2.8	−4.4	−5.5	−6.5	−7.1	−7.9	−8.9
	桑洲	−3.0	−4.6	−5.7	−6.7	−7.4	−8.1	−9.2
	梅林	−2.5	−4.0	−5.1	−6.1	−6.7	−7.4	−8.4
	强蛟	−2.1	−3.5	−4.6	−5.6	−6.2	−6.9	−7.9
	桥头胡	−2.5	−4.0	−5.1	−6.1	−6.7	−7.4	−8.4
	桃源	−2.5	−4.0	−5.1	−6.2	−6.8	−7.5	−8.5
	跃龙	−2.5	−4.0	−5.1	−6.2	−6.8	−7.5	−8.5
	岔路	−2.6	−4.1	−5.2	−6.2	−6.8	−7.5	−8.5
余姚	小曹娥	−1.8	−3.3	−4.3	−5.3	−5.9	−6.6	−7.6
	黄家埠	−1.8	−3.2	−4.3	−5.3	−5.9	−6.6	−7.6
	牟山	−2.3	−3.8	−4.9	−5.9	−6.5	−7.3	−8.3
	阳明	−2.0	−3.5	−4.5	−5.5	−6.1	−6.9	−7.9
	三七市	−2.3	−3.8	−4.9	−6.0	−6.6	−7.4	−8.4
	兰江	−2.1	−3.5	−4.6	−5.6	−6.2	−7.0	−8.0
	大隐	−2.1	−3.6	−4.7	−5.7	−6.3	−7.1	−8.1
	梁弄	−2.1	−3.6	−4.7	−5.7	−6.3	−7.1	−8.1
	鹿亭	−2.6	−4.1	−5.2	−6.3	−6.9	−7.7	−8.7
	大岚	−2.7	−4.3	−5.4	−6.4	−7.1	−7.8	−8.9
	四明山	−2.7	−4.2	−5.3	−6.4	−7.0	−7.8	−8.9
	河姆渡	−2.4	−3.9	−4.9	−6.0	−6.6	−7.3	−8.3
	泗门	−1.9	−3.4	−4.4	−5.5	−6.1	−6.8	−7.8
	低塘	−2.1	−3.5	−4.6	−5.6	−6.2	−7.0	−8.0
	朗霞	−2.0	−3.5	−4.5	−5.6	−6.2	−6.9	−7.9
	凤山	−1.8	−3.2	−4.3	−5.3	−5.9	−6.6	−7.6
	临山	−2.0	−3.4	−4.5	−5.5	−6.1	−6.9	−7.9
	马渚	−2.1	−3.5	−4.6	−5.6	−6.2	−6.9	−7.9
	丈亭	−2.3	−3.8	−4.9	−5.9	−6.6	−7.3	−8.4
	陆埠	−2.3	−3.7	−4.8	−5.8	−6.4	−7.1	−8.1
	梨洲	−2.2	−3.7	−4.7	−5.7	−6.3	−7.1	−8.1

县/区	乡镇/街道	2年一遇	5年一遇	10年一遇	20年一遇	30年一遇	50年一遇	100年一遇
象山	丹东	−1.6	−2.9	−3.7	−4.6	−5.1	−5.8	−6.6
	丹西	−1.6	−2.9	−3.7	−4.6	−5.1	−5.8	−6.6
	爵溪	−1.3	−2.5	−3.3	−4.2	−4.7	−5.3	−6.1
	石浦	−1.3	−2.5	−3.3	−4.2	−4.6	−5.2	−6.1
	西周	−2.1	−3.4	−4.4	−5.3	−5.8	−6.5	−7.4
	鹤浦	−1.3	−2.4	−3.3	−4.1	−4.6	−5.2	−6.0
	贤庠	−1.9	−3.2	−4.1	−4.9	−5.5	−6.1	−7.0
	定塘	−1.7	−2.9	−3.8	−4.7	−5.2	−5.9	−6.8
	墙头	−1.7	−2.9	−3.8	−4.7	−5.2	−5.8	−6.7
	泗洲头	−1.8	−3.0	−3.9	−4.8	−5.3	−5.9	−6.8
	涂茨	−1.6	−2.8	−3.6	−4.5	−5.0	−5.6	−6.4
	大徐	−1.7	−2.9	−3.8	−4.7	−5.2	−5.9	−6.8
	新桥	−1.7	−2.9	−3.7	−4.6	−5.1	−5.7	−6.6
	东陈	−1.8	−3.1	−4.0	−4.9	−5.4	−6.0	−6.9
	晓塘	−1.4	−2.5	−3.4	−4.2	−4.7	−5.3	−6.1
	黄避岙	−2.0	−3.3	−4.2	−5.1	−5.6	−6.3	−7.1
	茅洋	−1.7	−3.0	−3.9	−4.7	−5.3	−5.9	−6.8
	高塘岛	−1.8	−3.0	−3.9	−4.8	−5.4	−6.0	−6.9

附录 1.3　各乡镇(街道)各重现期日最大降水量表(单位:mm)

县/区	乡镇/街道	2年一遇	5年一遇	10年一遇	20年一遇	30年一遇	50年一遇	100年一遇
海曙	月湖	92.2	135.8	164.7	192.5	208.5	228.5	255.5
	西门	92.2	135.8	164.7	192.5	208.5	228.5	255.5
	鼓楼	92.2	135.8	164.7	192.5	208.5	228.5	255.5
	南门	92.2	135.8	164.7	192.5	208.5	228.5	255.5
	江厦	92.2	135.8	164.7	192.5	208.5	228.5	255.5
	白云	92.2	135.8	164.7	192.5	208.5	228.5	255.5
	望春	92.2	135.8	164.7	192.5	208.5	228.5	255.5
	段塘	92.2	135.8	164.7	192.5	208.5	228.5	255.5
江东	东郊	86.1	126.4	153.0	178.6	193.3	211.6	236.4
	福明	86.1	126.4	153.0	178.6	193.3	211.6	236.4
	白鹤	86.1	126.4	153.0	178.6	193.3	211.6	236.4
	百丈	86.1	126.4	153.0	178.6	193.3	211.6	236.4
	东胜	86.1	126.4	153.0	178.6	193.3	211.6	236.4
	明楼	86.1	126.4	153.0	178.6	193.3	211.6	236.4
	东柳	86.1	126.4	153.0	178.6	193.3	211.6	236.4
	新明	86.1	126.4	153.0	178.6	193.3	211.6	236.4

县/区	乡镇/街道	2年一遇	5年一遇	10年一遇	20年一遇	30年一遇	50年一遇	100年一遇
江北	甬江	85.1	124.5	150.5	175.4	189.7	207.6	231.8
	庄桥	85.1	124.5	150.5	175.4	189.7	207.6	231.8
	洪塘	85.1	124.5	150.5	175.4	189.7	207.6	231.8
	中马	85.1	124.5	150.5	175.4	189.7	207.6	231.8
	白沙	85.1	124.5	150.5	175.4	189.7	207.6	231.8
	文教	85.1	124.5	150.5	175.4	189.7	207.6	231.8
	孔浦	85.1	124.5	150.5	175.4	189.7	207.6	231.8
	慈城	85.1	124.5	150.5	175.4	189.7	207.6	231.8
鄞州	首南	88.5	129.9	157.3	183.6	198.7	217.6	243.0
	高桥	103.0	152.2	185.0	216.5	234.7	257.4	288.1
	横街	115.2	171.5	209.2	245.6	266.5	292.8	328.3
	五乡	70.2	101.0	121.1	140.2	151.1	164.8	183.2
	古林	118.4	176.7	215.8	253.6	275.4	302.7	339.6
	龙观	126.5	189.7	232.2	273.3	297.0	326.7	366.9
	洞桥	94.4	139.2	169.0	197.6	214.1	234.7	262.5
	姜山	96.9	143.0	173.7	203.3	220.2	241.5	270.2
	横溪	108.3	159.5	193.6	226.3	245.1	268.7	300.5
	瞻岐	69.7	101.7	122.7	142.8	154.3	168.8	188.2
	咸祥	80.0	116.7	140.8	163.9	177.2	193.8	216.2
	邱隘	82.3	120.4	145.6	169.7	183.6	200.9	224.3
	鄞江	138.7	207.8	254.4	299.3	325.3	357.7	401.6
	章水	97.5	143.8	174.6	204.2	221.2	242.5	271.3
	东吴	93.5	136.8	165.3	192.7	208.5	228.1	254.7
	下应	80.8	118.1	142.8	166.4	180.0	196.9	219.8
	中河	98.4	144.4	174.8	204.0	220.8	241.8	270.1
	钟公庙	96.0	141.6	171.9	201.0	217.7	238.7	267.0
	石碶	100.9	149.0	181.1	211.9	229.6	251.8	281.7
	云龙	88.5	129.9	157.3	183.6	198.7	217.6	243.0
	塘溪	90.8	134.0	162.7	190.3	206.1	226.0	252.8
	集士港	106.3	157.3	191.3	224.0	242.8	266.3	298.1
镇海	招宝山	63.8	94.5	114.3	133.2	144.1	157.6	175.8
	骆驼	72.3	107.7	130.9	153.0	165.7	181.6	202.9
	澥浦	74.0	110.8	134.9	157.9	171.1	187.6	209.8
	九龙湖	82.6	124.0	151.3	177.4	192.4	211.2	236.4
	蛟川	64.0	95.1	115.4	134.7	145.8	159.6	178.2
	庄市	68.5	102.2	124.2	145.3	157.3	172.4	192.7

续表

县/区	乡镇/街道	2年一遇	5年一遇	10年一遇	20年一遇	30年一遇	50年一遇	100年一遇
北仑	戚家山	81.9	123.8	151.6	178.2	193.5	212.7	238.5
	小港	69.2	103.4	125.8	147.2	159.5	174.9	195.6
	新碶	81.0	122.1	149.2	175.2	190.2	208.9	234.1
	大碶	84.7	128.0	156.6	184.1	199.9	219.6	246.3
	霞浦	67.5	100.8	122.6	143.4	155.4	170.3	190.4
	柴桥	82.5	123.9	151.2	177.3	192.3	211.1	236.3
	春晓	59.4	88.6	107.7	125.9	136.3	149.4	166.9
	白峰	74.3	111.4	135.8	159.1	172.5	189.3	211.9
	梅山	83.6	126.6	155.2	182.6	198.4	218.1	244.7
	大榭	81.8	123.7	151.4	178.0	193.4	212.5	238.3
奉化	锦屏	96.1	152.2	189.3	225.0	245.5	271.1	305.7
	岳林	93.4	147.7	183.6	218.0	237.8	262.5	295.9
	江口	103.6	164.6	205.2	244.1	266.5	294.5	332.3
	西坞	96.6	152.8	190.1	225.7	246.3	271.9	306.5
	萧王庙	126.6	203.0	254.2	303.6	332.0	367.6	415.7
	溪口	86.4	136.1	168.9	200.3	218.3	240.8	271.1
	莼湖	95.3	151.2	188.2	223.8	244.3	269.9	304.4
	尚田	87.1	136.2	168.4	199.1	216.7	238.7	268.3
	大堰	100.4	158.8	197.4	234.4	255.7	282.3	318.1
	松岙	78.0	121.9	150.5	177.9	193.6	213.2	239.5
	裘村	79.1	124.0	153.3	181.4	197.4	217.5	244.6
慈溪	宗汉	82.1	109.9	128.3	146.0	156.1	168.8	185.9
	古塘	82.1	109.9	128.3	146.0	156.1	168.8	185.9
	白沙路	82.1	109.9	128.3	146.0	156.1	168.8	185.9
	浒山	82.1	109.9	128.3	146.0	156.1	168.8	185.9
	坎墩	82.1	109.9	128.3	146.0	156.1	168.8	185.9
	横河	84.6	113.1	132.0	150.1	160.5	173.5	191.1
	杭州湾新区	94.4	127.6	149.8	171.0	183.3	198.7	219.4
	桥头	83.6	111.5	130.0	147.6	157.8	170.5	187.6
	掌起	93.2	124.9	145.9	166.1	177.7	192.1	211.7
	庵东	82.0	109.8	128.2	145.8	156.0	168.7	185.8
	胜山	87.3	117.2	137.1	156.1	167.1	180.8	199.3
	长河	86.6	116.5	136.3	155.3	166.3	180.0	198.5
	周巷	86.6	116.4	136.3	155.3	166.3	179.9	198.4
	观海卫	87.0	116.8	136.7	155.7	166.7	180.3	198.8
	附海	87.8	117.7	137.6	156.6	167.6	181.3	199.8
	龙山	81.7	108.9	126.9	144.1	154.0	166.3	183.0
	逍林	87.0	116.8	136.6	155.6	166.6	180.2	198.7
	新浦	73.2	97.5	113.5	128.9	137.8	148.8	163.7
	崇寿	82.0	109.8	128.2	145.8	156.0	168.7	185.8
	天元	93.3	125.7	147.2	167.9	179.8	194.7	214.8
	匡堰	91.2	122.3	143.0	162.9	174.3	188.5	207.8

续表

县/区	乡镇/街道	2年一遇	5年一遇	10年一遇	20年一遇	30年一遇	50年一遇	100年一遇
宁海	西店	124.7	188.0	230.1	270.5	293.8	323.0	362.3
	深甽	137.3	207.4	254.1	298.9	324.8	357.1	400.8
	茶院	108.1	161.7	197.2	231.1	250.6	275.0	307.9
	黄坛	143.0	215.9	264.4	311.0	337.8	371.4	416.8
	越溪	108.6	162.4	197.8	231.8	251.3	275.7	308.7
	胡陈	117.1	176.5	216.0	253.9	275.7	303.1	339.9
	长街	117.6	177.1	216.6	254.6	276.4	303.8	340.6
	大佳何	111.4	167.6	204.9	240.6	261.2	286.9	321.7
	前童	125.2	188.6	230.7	271.2	294.5	323.6	362.9
	一市	116.4	174.6	213.1	250.0	271.3	297.8	333.7
	力洋	133.0	200.0	244.3	286.9	311.4	342.1	383.4
	桑洲	151.9	230.1	282.4	332.7	361.8	398.1	447.1
	梅林	107.3	159.9	194.6	227.7	246.7	270.5	302.6
	强蛟	108.1	161.8	197.2	231.1	250.7	275.0	307.9
	桥头胡	107.3	159.9	194.6	227.7	246.7	270.5	302.6
	桃源	119.8	179.8	219.5	257.6	279.5	306.8	343.8
	跃龙	119.8	179.8	219.5	257.6	279.5	306.8	343.8
	岔路	123.3	185.1	226.1	265.3	288.0	316.2	354.4
余姚	小曹娥	67.8	107.5	133.4	158.1	172.2	189.9	213.7
	黄家埠	83.4	133.9	167.2	199.2	217.6	240.5	271.5
	牟山	88.9	144.0	180.7	216.1	236.4	261.9	296.2
	阳明	78.8	126.2	157.5	187.4	204.7	226.2	255.2
	三七市	71.4	113.3	140.7	166.7	181.7	200.4	225.5
	兰江	75.3	120.2	149.7	177.9	194.2	214.4	241.7
	大隐	65.4	102.9	127.2	150.3	163.5	180.0	202.2
	梁弄	83.1	133.4	166.7	198.7	217.0	240.0	270.9
	鹿亭	100.2	161.1	201.3	239.8	262.0	289.8	327.1
	大岚	91.3	146.0	182.0	216.5	236.3	261.0	294.3
	四明山	75.8	120.2	149.2	176.8	192.7	212.5	239.1
	河姆渡	101.9	164.7	206.3	246.4	269.4	298.2	337.1
	泗门	70.1	111.8	139.2	165.5	180.5	199.4	224.7
	低塘	61.2	96.8	119.9	142.0	154.6	170.4	191.6
	朗霞	60.4	95.2	117.8	139.2	151.5	166.8	187.5
	凤山	86.4	138.6	173.2	206.3	225.1	249.1	281.2
	临山	71.5	114.2	142.2	169.1	184.5	203.8	229.7
	马渚	88.3	142.4	178.4	213.0	232.9	257.8	291.4
	丈亭	67.9	108.0	134.2	159.2	173.6	191.6	215.7
	陆埠	105.7	171.0	214.5	256.4	280.5	310.6	351.3
	梨洲	116.0	187.9	235.8	281.8	308.3	341.4	386.1

续表

县/区	乡镇/街道	2 年一遇	5 年一遇	10 年一遇	20 年一遇	30 年一遇	50 年一遇	100 年一遇
象山	丹东	113.0	158.3	188.3	217.1	233.7	254.4	282.3
	丹西	113.0	158.3	188.3	217.1	233.7	254.4	282.3
	爵溪	104.9	146.5	174.1	200.4	215.6	234.6	260.1
	石浦	109.5	152.6	181.0	208.2	223.8	243.4	269.7
	西周	102.8	142.2	168.0	192.7	206.9	224.6	248.4
	鹤浦	105.0	146.7	174.2	200.6	215.8	234.7	260.3
	贤庠	138.1	195.3	233.5	270.1	291.2	317.7	353.3
	定塘	119.9	168.2	200.2	230.9	248.5	270.6	300.4
	墙头	133.4	188.5	225.2	260.4	280.8	306.2	340.5
	泗洲头	117.6	164.6	195.6	225.4	242.5	263.9	292.7
	涂茨	114.9	160.5	190.6	219.4	236.0	256.8	284.7
	大徐	109.8	153.8	182.9	210.8	226.9	247.0	274.0
	新桥	132.1	185.6	221.1	255.2	274.8	299.3	332.4
	东陈	121.2	170.0	202.3	233.3	251.1	273.4	303.5
	晓塘	124.1	174.6	208.1	240.3	258.8	282.0	313.3
	黄避岙	173.2	247.3	297.1	345.1	372.8	407.4	454.2
	茅洋	127.2	180.0	215.3	249.2	268.8	293.2	326.2
	高塘岛	131.0	184.4	219.8	253.9	273.5	298.0	331.1

附录 1.4　各乡镇(街道)各重现期台风日最大降水量表(单位:mm)

县/区	乡镇/街道	2 年一遇	5 年一遇	10 年一遇	20 年一遇	30 年一遇	50 年一遇	100 年一遇
海曙	月湖	69.8	128.5	167.9	206.1	228.1	255.6	292.8
	西门	69.8	128.5	167.9	206.1	228.1	255.6	292.8
	鼓楼	69.8	128.5	167.9	206.1	228.1	255.6	292.8
	南门	69.8	128.5	167.9	206.1	228.1	255.6	292.8
	江厦	69.8	128.5	167.9	206.1	228.1	255.6	292.8
	白云	69.8	128.5	167.9	206.1	228.1	255.6	292.8
	望春	69.8	128.5	167.9	206.1	228.1	255.6	292.8
	段塘	69.8	128.5	167.9	206.1	228.1	255.6	292.8
江东	东郊	63.8	116.7	152.0	186.0	205.6	230.1	263.2
	福明	63.8	116.7	152.0	186.0	205.6	230.1	263.2
	白鹤	63.8	116.7	152.0	186.0	205.6	230.1	263.2
	百丈	63.8	116.7	152.0	186.0	205.6	230.1	263.2
	东胜	63.8	116.7	152.0	186.0	205.6	230.1	263.2
	明楼	63.8	116.7	152.0	186.0	205.6	230.1	263.2
	东柳	63.8	116.7	152.0	186.0	205.6	230.1	263.2
	新明	63.8	116.7	152.0	186.0	205.6	230.1	263.2

续表

县/区	乡镇/街道	2年一遇	5年一遇	10年一遇	20年一遇	30年一遇	50年一遇	100年一遇
江北	甬江	58.1	104.5	134.9	163.9	180.6	201.4	229.4
	庄桥	58.1	104.5	134.9	163.9	180.6	201.4	229.4
	洪塘	58.1	104.5	134.9	163.9	180.6	201.4	229.4
	中马	58.1	104.5	134.9	163.9	180.6	201.4	229.4
	白沙	58.1	104.5	134.9	163.9	180.6	201.4	229.4
	文教	58.1	104.5	134.9	163.9	180.6	201.4	229.4
	孔浦	58.1	104.5	134.9	163.9	180.6	201.4	229.4
	慈城	58.1	104.5	134.9	163.9	180.6	201.4	229.4
鄞州	首南	66.7	121.2	157.3	191.9	211.8	236.7	270.3
	高桥	79.0	146.1	191.2	235.0	260.2	291.7	334.5
	横街	102.6	187.2	243.4	297.6	328.7	367.7	420.3
	五乡	49.7	88.6	113.7	137.5	151.2	168.2	191.0
	古林	98.3	181.4	237.2	291.3	322.5	361.5	414.4
	龙观	110.9	202.8	264.1	323.1	357.1	399.6	457.0
	洞桥	71.4	130.0	168.9	206.4	227.9	254.8	291.1
	姜山	74.3	135.7	176.5	215.8	238.4	266.6	304.8
	横溪	79.2	142.5	184.0	223.7	246.5	274.9	313.2
	瞻岐	53.6	95.8	123.2	149.4	164.3	182.9	208.1
	咸祥	50.5	89.3	114.2	137.7	151.1	167.8	190.2
	邱隘	62.7	113.5	147.1	179.3	197.8	220.9	252.0
	鄞江	113.3	208.2	271.7	332.9	368.3	412.5	472.1
	章水	74.4	134.1	173.4	211.0	232.5	259.4	295.7
	东吴	53.8	97.1	125.6	152.8	168.5	188.1	214.4
	下应	59.4	107.7	139.5	170.0	187.5	209.4	238.9
	中河	74.9	137.9	180.3	221.1	244.8	274.3	314.2
	钟公庙	75.0	138.1	180.5	221.3	244.9	274.5	314.0
	石碶	77.8	143.4	187.6	230.2	254.9	285.7	327.4
	云龙	65.0	118.1	153.3	187.1	206.5	230.8	263.6
	塘溪	68.7	124.3	161.1	196.3	216.5	241.7	275.8
	集士港	83.4	153.5	200.6	246.0	272.3	305.2	349.6
镇海	招宝山	37.0	68.6	89.3	109.2	120.5	134.8	153.9
	骆驼	46.4	87.6	115.2	141.7	157.0	176.3	202.2
	澥浦	42.9	80.5	105.5	129.5	143.4	160.7	184.1
	九龙湖	51.7	97.2	127.5	156.7	173.5	194.6	223.0
	蛟川	37.6	70.5	92.4	113.3	125.4	140.6	161.0
	庄市	52.7	99.5	130.8	161.0	178.4	200.3	229.8

续表

县/区	乡镇/街道	2 年一遇	5 年一遇	10 年一遇	20 年一遇	30 年一遇	50 年一遇	100 年一遇
北仑	戚家山	58.6	110.9	145.9	179.8	199.3	223.8	256.9
	小港	47.6	89.7	117.8	144.9	160.5	180.1	206.4
	新碶	73.3	139.8	184.8	228.5	253.9	285.7	328.7
	大碶	64.6	120.8	157.9	193.5	214.0	239.7	274.2
	霞浦	59.6	112.8	148.6	183.1	203.0	228.0	261.8
	柴桥	70.1	131.8	172.9	212.5	235.4	263.9	302.5
	春晓	70.7	135.2	179.0	221.4	246.0	277.0	318.8
	白峰	66.3	122.4	159.1	194.0	214.0	238.9	272.4
	梅山	74.5	141.9	187.5	231.7	257.3	289.5	332.8
	大榭	61.0	113.7	148.4	181.7	200.8	224.8	256.9
奉化	锦屏	79.3	148.4	194.2	238.1	263.4	294.9	337.5
	岳林	77.8	146.1	191.6	235.2	260.4	291.8	334.3
	江口	83.1	156.9	206.3	253.9	281.3	315.6	362.0
	西坞	74.6	139.3	182.0	222.9	246.4	275.8	315.5
	萧王庙	114.3	215.2	282.4	347.0	384.2	430.8	493.7
	溪口	66.2	121.3	156.9	190.7	210.1	234.2	266.6
	莼湖	79.2	147.2	192.0	234.8	259.4	290.2	331.6
	尚田	63.0	114.4	147.4	178.5	196.3	218.4	248.1
	大堰	76.1	137.0	175.6	211.8	232.5	258.0	292.4
	松岙	56.8	102.4	131.5	158.8	174.3	193.6	219.5
	裘村	60.0	109.6	141.6	171.8	189.1	210.6	239.6
慈溪	宗汉	48.1	89.0	116.1	142.1	157.0	175.7	200.9
	古塘	48.1	89.0	116.1	142.1	157.0	175.7	200.9
	白沙路	48.1	89.0	116.1	142.1	157.0	175.7	200.9
	浒山	48.1	89.0	116.1	142.1	157.0	175.7	200.9
	坎墩	48.1	89.0	116.1	142.1	157.0	175.7	200.9
	横河	49.8	92.8	121.4	149.0	164.9	184.8	211.7
	杭州湾新区	46.3	86.2	112.8	138.4	153.2	171.6	196.6
	桥头	47.5	87.7	114.3	139.8	154.5	172.8	197.5
	掌起	50.4	93.3	121.8	149.1	164.9	184.5	211.0
	庵东	43.1	80.2	104.8	128.5	142.2	159.3	182.3
	胜山	48.9	91.1	119.1	146.1	161.7	181.1	207.4
	长河	50.3	93.3	121.8	149.3	165.1	184.8	211.4
	周巷	53.5	99.9	131.0	161.0	178.3	199.9	229.1
	观海卫	43.3	79.9	104.1	127.2	140.6	157.2	179.6
	附海	40.4	74.8	97.5	119.3	131.8	147.5	168.5
	龙山	38.3	70.5	91.7	111.9	123.5	138.0	157.6
	逍林	48.8	91.0	119.2	146.3	161.9	181.5	207.9
	新浦	37.1	68.1	88.5	108.0	119.1	133.1	151.9
	崇寿	43.1	80.2	104.8	128.5	142.2	159.3	182.3
	天元	55.1	103.3	135.6	166.8	184.8	207.4	237.9
	匡堰	60.0	111.6	146.0	179.1	198.1	222.0	254.2

县/区	乡镇/街道	2年一遇	5年一遇	10年一遇	20年一遇	30年一遇	50年一遇	100年一遇
宁海	西店	101.9	169.2	214.6	258.4	283.7	315.5	358.4
	深甽	127.1	208.6	262.7	314.7	344.7	382.2	432.7
	茶院	99.7	165.4	209.5	252.2	276.8	307.7	349.4
	黄坛	116.1	190.3	239.6	286.8	314.0	348.1	393.9
	越溪	81.0	133.3	168.2	201.7	221.1	245.2	277.9
	胡陈	120.4	200.3	254.3	306.4	336.7	374.5	425.7
	长街	117.6	197.6	252.1	305.0	335.6	374.1	426.2
	大佳何	95.9	158.3	200.0	240.1	263.3	292.2	331.4
	前童	111.5	186.1	236.6	285.6	313.9	349.4	397.5
	一市	85.4	141.2	178.6	214.7	235.6	261.7	296.9
	力洋	110.5	182.7	231.2	278.0	305.1	339.0	384.9
	桑洲	136.0	227.7	289.9	350.1	385.1	428.9	488.2
	梅林	81.1	131.2	164.0	195.2	213.1	235.4	265.5
	强蛟	87.9	146.5	186.1	224.4	246.5	274.3	311.8
	桥头胡	81.1	131.2	164.0	195.2	213.1	235.4	265.5
	桃源	96.4	157.6	198.2	237.1	259.5	287.5	325.2
	跃龙	96.4	157.6	198.2	237.1	259.5	287.5	325.2
	岔路	103.6	171.2	216.5	260.1	285.2	316.7	359.3
余姚	小曹娥	36.1	73.9	98.7	122.2	135.7	152.5	175.2
	黄家埠	50.9	105.9	142.3	177.3	197.4	222.6	256.5
	牟山	62.7	130.7	175.8	219.2	244.2	275.4	317.6
	阳明	51.4	106.2	142.1	176.5	196.2	220.8	254.1
	三七市	42.8	87.7	116.8	144.5	160.5	180.3	206.9
	兰江	44.9	91.8	122.3	151.3	168.0	188.7	216.6
	大隐	33.6	68.2	90.4	111.5	123.6	138.6	158.7
	梁弄	58.1	119.7	160.1	198.7	220.9	248.6	285.9
	鹿亭	82.6	169.7	226.6	281.0	312.1	351.0	403.4
	大岚	80.3	164.2	218.7	270.5	300.2	337.2	386.9
	四明山	61.4	123.7	163.4	200.8	222.2	248.7	284.3
	河姆渡	71.2	147.8	198.5	247.0	275.0	309.9	357.0
	泗门	42.1	86.5	115.5	143.2	159.1	179.0	205.7
	低塘	35.3	72.9	97.6	121.3	134.9	151.9	174.8
	朗霞	32.5	66.0	87.7	108.3	120.1	134.7	154.5
	凤山	58.9	122.9	165.4	206.3	229.9	259.3	299.1
	临山	41.1	85.1	114.1	141.8	157.8	177.7	204.5
	马渚	59.5	124.1	167.1	208.5	232.3	262.1	302.3
	丈亭	47.9	98.6	131.9	163.6	181.8	204.6	235.2
	陆埠	76.7	160.6	216.6	270.5	301.6	340.5	393.1
	梨洲	84.6	177.8	240.3	300.7	335.5	379.1	438.0

续表

县/区	乡镇/街道	2年一遇	5年一遇	10年一遇	20年一遇	30年一遇	50年一遇	100年一遇
象山	丹东	100.1	158.2	196.7	233.6	254.9	281.4	317.2
	丹西	100.1	158.2	196.7	233.6	254.9	281.4	317.2
	爵溪	72.1	112.1	138.1	162.9	177.1	194.7	218.5
	石浦	46.3	69.4	83.6	96.9	104.4	113.7	126.1
	西周	46.0	68.0	81.2	93.2	99.9	108.2	119.2
	鹤浦	75.3	118.9	147.7	175.3	191.2	210.9	237.7
	贤庠	104.0	168.0	211.4	253.5	277.9	308.4	349.9
	定塘	93.2	146.2	181.0	214.2	233.3	257.2	289.3
	墙头	122.1	193.6	241.1	286.8	313.1	345.9	390.3
	泗洲头	109.1	171.9	213.3	253.0	275.8	304.3	342.7
	涂茨	80.7	126.1	155.8	184.1	200.3	220.6	247.9
	大徐	85.8	134.9	167.3	198.1	215.9	238.1	268.0
	新桥	106.9	167.1	206.5	244.0	265.5	292.4	328.5
	东陈	103.2	163.8	204.0	242.6	264.9	292.7	330.3
	晓塘	81.6	128.0	158.4	187.4	204.1	224.9	252.9
	黄避岙	168.3	269.6	337.7	403.3	441.2	488.6	552.7
	茅洋	128.0	205.3	257.2	307.3	336.2	372.4	421.3
	高塘岛	95.9	150.8	187.0	221.6	241.5	266.4	299.9

附录 1.5　各乡镇(街道)各重现期台风过程最大降水量表(单位:mm)

县/区	乡镇/街道	2年一遇	5年一遇	10年一遇	20年一遇	30年一遇	50年一遇	100年一遇
海曙	月湖	93.1	177.4	233.6	287.7	318.8	357.8	410.4
	西门	93.1	177.4	233.6	287.7	318.8	357.8	410.4
	鼓楼	93.1	177.4	233.6	287.7	318.8	357.8	410.4
	南门	93.1	177.4	233.6	287.7	318.8	357.8	410.4
	江厦	93.1	177.4	233.6	287.7	318.8	357.8	410.4
	白云	93.1	177.4	233.6	287.7	318.8	357.8	410.4
	望春	93.1	177.4	233.6	287.7	318.8	357.8	410.4
	段塘	93.1	177.4	233.6	287.7	318.8	357.8	410.4
江东	东郊	93.6	177.5	233.2	286.7	317.5	356.0	407.9
	福明	93.6	177.5	233.2	286.7	317.5	356.0	407.9
	白鹤	93.6	177.5	233.2	286.7	317.5	356.0	407.9
	百丈	93.6	177.5	233.2	286.7	317.5	356.0	407.9
	东胜	93.6	177.5	233.2	286.7	317.5	356.0	407.9
	明楼	93.6	177.5	233.2	286.7	317.5	356.0	407.9
	东柳	93.6	177.5	233.2	286.7	317.5	356.0	407.9
	新明	93.6	177.5	233.2	286.7	317.5	356.0	407.9

县/区	乡镇/街道	2年一遇	5年一遇	10年一遇	20年一遇	30年一遇	50年一遇	100年一遇
江北	甬江	95.7	181.8	239.1	294.1	325.8	365.5	419.1
	庄桥	95.7	181.8	239.1	294.1	325.8	365.5	419.1
	洪塘	95.7	181.8	239.1	294.1	325.8	365.5	419.1
	中马	95.7	181.8	239.1	294.1	325.8	365.5	419.1
	白沙	95.7	181.8	239.1	294.1	325.8	365.5	419.1
	文教	95.7	181.8	239.1	294.1	325.8	365.5	419.1
	孔浦	95.7	181.8	239.1	294.1	325.8	365.5	419.1
	慈城	95.7	181.8	239.1	294.1	325.8	365.5	419.1
鄞州	首南	101.6	192.3	252.4	309.9	343.1	384.5	440.3
	高桥	92.4	175.9	231.4	284.8	315.5	354.0	405.9
	横街	142.6	270.5	355.4	436.9	483.9	542.6	621.8
	五乡	103.7	195.6	256.4	314.6	348.1	389.9	446.2
	古林	111.1	211.4	278.4	342.7	379.8	426.3	488.9
	龙观	135.2	256.8	337.8	415.7	460.5	516.5	592.2
	洞桥	98.7	187.0	245.4	301.6	333.9	374.3	428.8
	姜山	106.7	201.8	264.9	325.3	360.1	403.6	462.3
	横溪	136.0	257.0	336.9	413.6	457.7	512.8	587.2
	瞻岐	83.1	156.7	205.4	251.9	278.7	312.2	357.3
	咸祥	83.5	156.4	204.1	249.7	275.8	308.4	352.3
	邱隘	98.5	186.2	244.3	300.0	332.0	372.0	426.0
	鄞江	119.6	228.6	301.6	371.8	412.2	463.0	531.4
	章水	99.2	187.5	246.0	302.1	334.2	374.6	429.0
	东吴	118.5	223.7	293.2	359.7	397.9	445.7	510.2
	下应	82.2	154.5	202.1	247.6	273.8	306.4	350.4
	中河	101.1	192.0	252.4	310.3	343.7	385.4	441.8
	钟公庙	96.0	182.4	239.7	294.8	326.5	366.2	419.7
	石碶	100.7	191.7	252.4	310.8	344.4	386.5	443.3
	云龙	98.0	184.9	242.3	297.2	328.8	368.3	421.5
	塘溪	99.3	187.6	246.0	301.9	334.0	374.3	428.5
	集士港	103.6	197.5	260.1	320.3	355.0	398.5	457.1
镇海	招宝山	90.3	170.2	223.5	274.7	304.3	341.2	391.1
	骆驼	87.3	164.8	216.6	266.5	295.2	331.2	379.9
	澥浦	85.8	162.5	213.8	263.4	292.0	327.8	376.1
	九龙湖	92.2	173.8	228.3	280.8	311.0	348.9	399.9
	蛟川	83.2	157.1	206.5	254.2	281.6	315.9	362.3
	庄市	71.8	135.4	177.8	218.6	242.2	271.6	311.4

续表

县/区	乡镇/街道	2 年一遇	5 年一遇	10 年一遇	20 年一遇	30 年一遇	50 年一遇	100 年一遇
北仑	戚家山	89.6	169.1	222.2	273.4	302.9	339.8	389.7
	小港	72.5	135.9	178.0	218.5	241.8	270.9	310.2
	新碶	102.2	192.7	253.2	311.3	345.0	386.9	443.7
	大碶	95.2	177.9	232.7	285.2	315.4	353.2	404.2
	霞浦	75.7	141.9	185.9	228.1	252.4	282.8	323.9
	柴桥	96.7	181.6	238.0	292.1	323.4	362.0	415.1
	春晓	94.5	178.6	234.9	289.1	320.5	359.6	412.6
	白峰	95.5	179.2	234.8	288.1	318.8	357.2	409.1
	梅山	84.3	158.6	208.1	255.6	283.0	317.2	363.6
	大樨	86.1	161.5	211.4	259.5	287.1	321.7	368.2
奉化	锦屏	119.1	220.3	287.3	351.6	388.6	434.8	497.1
	岳林	122.3	226.0	294.5	360.2	398.1	445.2	508.9
	江口	125.7	233.8	305.8	374.9	414.8	464.7	532.0
	西坞	125.7	231.7	301.7	368.7	407.2	455.3	520.2
	萧王庙	150.3	278.7	364.0	445.8	492.9	551.9	631.4
	溪口	110.9	203.5	264.5	322.6	356.1	397.8	454.1
	莼湖	122.8	225.6	293.3	358.1	395.2	441.7	504.3
	尚田	138.8	253.9	329.3	401.3	442.7	494.3	563.8
	大堰	162.8	296.8	384.4	467.7	515.6	575.2	655.5
	松岙	101.5	184.2	238.0	289.2	318.4	354.9	404.1
	裘村	103.5	188.6	244.1	296.9	327.3	365.0	416.0
慈溪	宗汉	75.8	148.9	197.3	243.7	270.5	303.8	348.9
	古塘	75.8	148.9	197.3	243.7	270.5	303.8	348.9
	白沙路	75.8	148.9	197.3	243.7	270.5	303.8	348.9
	浒山	75.8	148.9	197.3	243.7	270.5	303.8	348.9
	坎墩	75.8	148.9	197.3	243.7	270.5	303.8	348.9
	横河	78.1	153.2	202.9	250.4	277.7	311.9	358.0
	杭州湾新区	69.2	136.3	180.8	223.7	248.3	279.1	320.7
	桥头	79.3	155.9	206.7	255.4	283.5	318.5	365.8
	掌起	83.4	164.2	217.9	269.5	299.2	336.3	386.4
	庵东	66.6	131.3	174.2	215.5	239.1	268.8	309.0
	胜山	65.1	128.2	170.2	210.4	233.6	262.6	301.7
	长河	70.5	138.9	184.3	228.0	253.1	284.5	326.9
	周巷	79.7	157.2	208.8	258.4	286.9	322.7	370.9
	观海卫	74.3	146.4	194.3	240.2	266.6	299.8	344.4
	附海	64.5	127.3	168.9	208.9	232.0	260.7	299.6
	龙山	67.7	132.9	176.0	217.3	241.1	270.8	310.8
	道林	70.3	138.5	183.8	227.2	252.3	283.5	325.6
	新浦	66.5	130.6	172.9	213.5	236.9	266.1	305.4
	崇寿	66.6	131.3	174.2	215.5	239.1	268.8	309.0
	天元	78.1	154.0	204.2	252.5	280.3	315.0	361.9
	匡堰	91.9	179.9	237.9	293.5	325.5	365.4	419.2

续表

县/区	乡镇/街道	2年一遇	5年一遇	10年一遇	20年一遇	30年一遇	50年一遇	100年一遇
宁海	西店	138.9	236.2	300.7	362.7	398.4	442.9	503.0
	深甽	199.1	337.4	428.8	516.5	566.9	629.9	714.8
	茶院	133.0	227.0	289.5	349.7	384.4	427.7	486.2
	黄坛	188.0	317.7	403.3	485.2	532.4	591.2	670.5
	越溪	122.2	207.8	264.6	319.1	350.5	389.7	442.5
	胡陈	157.0	267.7	341.4	412.3	453.1	504.1	572.9
	长街	137.1	234.1	298.7	360.9	396.7	441.5	502.0
	大佳何	136.4	232.7	296.9	358.6	394.2	438.6	498.6
	前童	145.1	245.8	312.4	376.2	413.0	458.8	520.7
	一市	120.5	204.8	260.8	314.5	345.5	384.1	436.1
	力洋	136.9	232.4	295.6	356.4	391.3	434.8	493.7
	桑洲	187.0	317.8	404.6	488.0	536.0	595.9	676.7
	梅林	133.8	227.0	288.6	347.7	381.6	424.2	481.5
	强蛟	119.4	203.6	259.7	313.6	344.6	383.5	436.0
	桥头胡	133.8	227.0	288.6	347.7	381.6	424.2	481.5
	桃源	145.2	246.4	313.4	377.7	414.6	460.8	523.2
	跃龙	145.2	246.4	313.4	377.7	414.6	460.8	523.2
	岔路	153.3	259.2	329.1	396.0	434.4	482.5	547.2
余姚	小曹娥	63.8	133.9	180.2	224.6	250.2	282.0	325.0
	黄家埠	75.1	158.4	213.7	266.9	297.5	335.8	387.5
	牟山	89.6	189.4	255.9	319.7	356.6	402.6	464.7
	阳明	78.2	164.3	221.3	275.9	307.4	346.6	399.6
	三七市	80.5	168.4	226.3	281.7	313.5	353.3	406.8
	兰江	82.7	173.1	232.7	289.8	322.6	363.5	418.7
	大隐	69.1	144.4	193.8	241.1	268.2	302.1	347.8
	梁弄	102.2	214.7	289.1	360.4	401.4	452.8	521.8
	鹿亭	132.7	277.7	373.1	464.5	517.1	582.6	670.9
	大岚	141.4	295.1	395.9	492.4	547.9	617.0	710.2
	四明山	126.0	262.5	351.9	437.3	486.4	547.7	630.0
	河姆渡	124.8	262.1	353.0	440.1	490.2	552.8	637.2
	泗门	70.8	149.1	201.0	250.9	279.5	315.3	363.6
	低塘	65.7	137.9	185.6	231.4	257.6	290.5	334.8
	朗霞	62.8	131.5	176.9	220.4	245.3	276.5	318.7
	凤山	92.5	194.1	261.2	325.6	362.6	408.8	471.2
	临山	65.5	138.0	186.1	232.3	259.0	292.2	337.1
	马渚	87.6	184.9	249.6	311.8	347.6	392.4	452.8
	丈亭	83.3	173.8	233.3	290.3	323.0	363.8	418.8
	陆埠	120.0	252.5	340.2	424.6	473.0	533.6	615.4
	梨洲	121.8	256.3	345.5	431.1	480.4	541.9	625.0

县/区	乡镇/街道	2 年一遇	5 年一遇	10 年一遇	20 年一遇	30 年一遇	50 年一遇	100 年一遇
象山	丹东	143.3	231.8	290.4	346.7	379.0	419.5	474.0
	丹西	143.3	231.8	290.4	346.7	379.0	419.5	474.0
	爵溪	115.7	186.9	233.9	278.9	304.9	337.3	381.0
	石浦	94.9	152.4	190.1	226.2	246.9	272.8	307.7
	西周	164.4	265.2	331.8	395.5	432.2	478.0	539.8
	鹤浦	105.3	170.9	214.5	256.3	280.4	310.6	351.2
	贤庠	134.6	218.3	273.8	327.1	357.8	396.2	448.0
	定塘	135.4	218.6	273.4	326.0	356.3	394.1	445.1
	墙头	169.2	273.7	342.8	409.1	447.4	495.0	559.3
	泗洲头	154.9	250.0	312.8	372.9	407.5	450.7	509.0
	涂茨	134.1	217.3	272.4	325.2	355.8	393.7	445.1
	大徐	129.5	209.6	262.5	313.3	342.5	379.1	428.4
	新桥	154.9	249.1	311.0	370.2	404.3	446.8	504.1
	东陈	140.5	227.5	285.1	340.2	372.0	411.7	465.3
	晓塘	132.1	213.8	268.0	320.0	349.9	387.3	437.7
	黄避岙	222.3	360.9	453.0	541.4	592.3	656.0	741.9
	茅洋	162.9	264.5	331.9	396.6	433.9	480.5	543.4
	高塘岛	132.9	215.3	269.9	322.4	352.5	390.2	441.1

附录 1.6　各乡镇(街道)各重现期极大风速表(单位:m·s⁻¹)

县/区	乡镇/街道	2 年一遇	5 年一遇	10 年一遇	20 年一遇	30 年一遇	50 年一遇	100 年一遇
海曙	月湖	7.1	11.7	14.7	17.6	19.2	21.2	23.9
	西门	7.1	11.7	14.7	17.6	19.2	21.2	23.9
	鼓楼	7.1	11.7	14.7	17.6	19.2	21.2	23.9
	南门	7.1	11.7	14.7	17.6	19.2	21.2	23.9
	江厦	7.1	11.7	14.7	17.6	19.2	21.2	23.9
	白云	7.1	11.7	14.7	17.6	19.2	21.2	23.9
	望春	7.1	11.7	14.7	17.6	19.2	21.2	23.9
	段塘	7.1	11.7	14.7	17.6	19.2	21.2	23.9
江东	东郊	6.0	9.9	12.4	14.8	16.1	17.8	20.1
	福明	6.0	9.9	12.4	14.8	16.1	17.8	20.1
	白鹤	6.0	9.9	12.4	14.8	16.1	17.8	20.1
	百丈	6.0	9.9	12.4	14.8	16.1	17.8	20.1
	东胜	6.0	9.9	12.4	14.8	16.1	17.8	20.1
	明楼	6.0	9.9	12.4	14.8	16.1	17.8	20.1
	东柳	6.0	9.9	12.4	14.8	16.1	17.8	20.1
	新明	6.0	9.9	12.4	14.8	16.1	17.8	20.1

续表

县/区	乡镇/街道	2年一遇	5年一遇	10年一遇	20年一遇	30年一遇	50年一遇	100年一遇
江北	甬江	10.0	16.2	20.3	24.2	26.3	29.1	32.7
	庄桥	10.0	16.2	20.3	24.2	26.3	29.1	32.7
	洪塘	10.0	16.2	20.3	24.2	26.3	29.1	32.7
	中马	10.0	16.2	20.3	24.2	26.3	29.1	32.7
	白沙	10.0	16.2	20.3	24.2	26.3	29.1	32.7
	文教	10.0	16.2	20.3	24.2	26.3	29.1	32.7
	孔浦	10.0	16.2	20.3	24.2	26.3	29.1	32.7
	慈城	10.0	16.2	20.3	24.2	26.3	29.1	32.7
鄞州	首南	8.2	13.6	17.1	20.6	22.5	25.0	28.3
	高桥	8.2	13.7	17.4	20.9	23.0	25.6	29.1
	横街	6.6	11.4	14.7	17.9	19.8	22.3	25.5
	五乡	7.8	13.1	16.7	20.2	22.2	24.7	28.1
	古林	6.6	11.0	14.0	16.8	18.4	20.5	23.2
	龙观	7.5	12.6	16.0	19.3	21.2	23.5	26.7
	洞桥	6.4	10.6	13.5	16.3	17.8	19.8	22.5
	姜山	7.2	11.8	14.7	17.4	19.0	20.9	23.5
	横溪	6.7	11.0	13.9	16.6	18.1	20.1	22.7
	瞻岐	7.1	11.9	15.0	18.1	19.9	22.1	25.1
	咸祥	9.8	16.1	20.3	24.3	26.6	29.5	33.3
	邱隘	5.7	9.5	12.2	14.7	16.2	18.0	20.6
	鄞江	5.4	9.1	11.7	14.2	15.6	17.4	19.9
	章水	9.2	15.1	18.8	22.4	24.4	26.9	30.3
	东吴	6.7	11.1	14.2	17.1	18.7	20.8	23.7
	下应	8.6	14.2	18.0	21.6	23.7	26.3	29.8
	中河	5.4	8.8	11.0	13.1	14.3	15.7	17.7
	钟公庙	6.9	11.3	14.1	16.7	18.2	20.1	22.6
	石碶	6.1	10.0	12.5	15.0	16.3	18.1	20.4
	云龙	6.8	11.3	14.3	17.2	18.8	20.9	23.7
	塘溪	6.4	10.5	13.2	15.7	17.1	18.9	21.3
	集士港	7.4	12.4	15.7	18.9	20.8	23.1	26.2
镇海	招宝山	19.0	26.5	31.2	35.5	38.0	41.1	45.1
	骆驼	18.2	25.7	30.4	34.9	37.4	40.6	44.8
	澥浦	15.4	21.0	24.5	27.7	29.5	31.7	34.6
	九龙湖	14.9	21.1	25.1	28.9	31.1	33.8	37.4
	蛟川	24.1	34.9	42.1	48.9	52.9	57.9	64.6
	庄市	14.7	20.6	24.3	27.8	29.8	32.3	35.5

县/区	乡镇/街道	2 年一遇	5 年一遇	10 年一遇	20 年一遇	30 年一遇	50 年一遇	100 年一遇
北仑	戚家山	29.9	42.4	50.6	58.2	62.6	68.1	75.4
	小港	17.2	24.1	28.4	32.5	34.8	37.7	41.5
	新碶	13.5	19.2	23.0	26.6	28.6	31.2	34.6
	大碶	19.0	27.4	33.0	38.3	41.4	45.2	50.4
	霞浦	26.2	37.4	44.7	51.7	55.7	60.6	67.3
	柴桥	19.1	26.7	31.5	36.0	38.6	41.7	46.0
	春晓	17.0	23.5	27.6	31.4	33.6	36.3	39.8
	白峰	20.5	29.4	35.2	40.8	43.9	47.9	53.2
	梅山	18.7	25.9	30.4	34.5	36.9	39.8	43.7
	大榭	16.9	24.2	29.1	33.8	36.5	39.8	44.3
奉化	锦屏	11.1	17.6	21.9	26.0	28.4	31.4	35.4
	岳林	7.8	12.5	15.8	18.9	20.7	23.0	26.1
	江口	8.9	14.0	17.4	20.7	22.6	25.0	28.1
	西坞	7.7	12.4	15.5	18.5	20.2	22.4	25.3
	萧王庙	8.0	13.0	16.5	19.8	21.8	24.3	27.7
	溪口	8.1	13.0	16.3	19.4	21.3	23.6	26.7
	莼湖	9.0	14.5	18.2	21.9	23.9	26.6	30.2
	尚田	9.0	14.6	18.6	22.4	24.6	27.5	31.3
	大堰	9.3	15.2	19.2	23.2	25.5	28.4	32.4
	松岙	10.8	17.3	21.7	25.9	28.4	31.5	35.6
	裘村	9.3	14.7	18.2	21.6	23.5	26.0	29.2
慈溪	宗汉	9.3	15.2	19.2	22.9	25.1	27.8	31.5
	古塘	9.3	15.2	19.2	22.9	25.1	27.8	31.5
	白沙路	9.3	15.2	19.2	22.9	25.1	27.8	31.5
	浒山	9.3	15.2	19.2	22.9	25.1	27.8	31.5
	坎墩	9.3	15.2	19.2	22.9	25.1	27.8	31.5
	横河	9.0	14.8	18.6	22.4	24.5	27.2	30.8
	杭州湾新区	11.4	18.8	23.7	28.4	31.1	34.4	39.0
	桥头	8.9	14.8	18.8	22.6	24.9	27.6	31.4
	掌起	9.5	15.7	19.9	23.9	26.2	29.2	33.2
	庵东	10.2	16.8	21.2	25.5	28.0	31.1	35.3
	胜山	12.2	20.0	25.2	30.2	33.1	36.6	41.4
	长河	10.5	17.5	22.3	27.0	29.7	33.1	37.7
	周巷	10.4	17.1	21.6	25.9	28.4	31.6	35.8
	观海卫	13.2	21.5	26.9	32.0	34.9	38.6	43.4
	附海	11.1	18.2	23.0	27.6	30.3	33.6	38.1
	龙山	13.1	21.2	26.4	31.4	34.2	37.7	42.3
	逍林	12.8	21.3	27.1	32.6	35.8	39.9	45.4
	新浦	11.6	18.8	23.5	28.0	30.5	33.7	37.9
	崇寿	10.2	16.8	21.2	25.5	28.0	31.1	35.3
	天元	8.3	13.6	17.2	20.6	22.5	25.0	28.3
	匡堰	13.2	21.5	26.9	32.1	35.1	38.8	43.8

续表

县/区	乡镇/街道	2年一遇	5年一遇	10年一遇	20年一遇	30年一遇	50年一遇	100年一遇
宁海	西店	5.5	10.7	14.1	17.4	19.3	21.6	24.8
	深甽	5.7	11.1	14.9	18.5	20.7	23.4	27.1
	茶院	11.5	21.8	28.5	34.9	38.6	43.1	49.2
	黄坛	7.3	14.2	18.9	23.5	26.1	29.5	34.0
	越溪	9.4	17.9	23.5	28.9	32.0	35.9	41.1
	胡陈	5.8	11.6	15.6	19.5	21.9	24.8	28.8
	长街	7.4	14.0	18.3	22.4	24.7	27.6	31.5
	大佳何	7.8	14.6	19.0	23.2	25.6	28.5	32.4
	前童	5.6	11.0	14.6	18.1	20.2	22.8	26.2
	一市	8.7	16.6	21.7	26.6	29.4	32.9	37.5
	力洋	9.2	18.1	24.2	30.2	33.6	38.0	44.0
	桑洲	7.0	13.5	17.9	22.0	24.5	27.5	31.6
	梅林	7.4	14.0	18.3	22.4	24.7	27.6	31.5
	强蛟	9.5	18.5	24.4	30.2	33.6	37.8	43.4
	桥头胡	7.4	14.0	18.3	22.4	24.7	27.6	31.5
	桃源	7.2	13.8	18.2	22.4	24.8	27.8	31.9
	跃龙	7.2	13.8	18.2	22.4	24.8	27.8	31.9
	岔路	9.1	17.4	22.9	28.2	31.2	35.0	40.1
余姚	小曹娥	9.6	18.4	24.2	29.7	32.9	36.9	42.2
	黄家埠	11.8	22.6	29.9	36.9	40.9	46.0	52.9
	牟山	10.7	21.0	28.1	35.0	39.1	44.2	51.3
	阳明	10.2	19.6	26.0	32.2	35.8	40.3	46.3
	三七市	7.7	14.8	19.6	24.3	26.9	30.3	34.9
	兰江	10.2	19.8	26.3	32.7	36.4	41.0	47.3
	大隐	8.0	15.3	20.1	24.7	27.3	30.7	35.2
	梁弄	9.4	17.9	23.7	29.2	32.3	36.3	41.7
	鹿亭	7.3	13.9	18.4	22.6	25.1	28.2	32.4
	大岚	8.3	16.2	21.5	26.7	29.8	33.5	38.7
	四明山	11.4	21.5	28.0	34.1	37.6	42.0	47.8
	河姆渡	7.7	14.7	19.3	23.7	26.3	29.4	33.7
	泗门	9.7	18.6	24.6	30.4	33.7	37.9	43.6
	低塘	9.3	17.7	23.3	28.6	31.7	35.5	40.7
	朗霞	9.7	18.7	24.9	30.8	34.2	38.6	44.5
	凤山	8.6	16.6	21.9	27.0	30.0	33.7	38.7
	临山	9.0	17.3	22.8	28.1	31.2	35.0	40.3
	马渚	9.3	18.0	23.8	29.4	32.7	36.8	42.3
	丈亭	7.3	14.0	18.6	23.0	25.6	28.8	33.1
	陆埠	8.8	17.3	23.1	28.7	32.1	36.3	42.0
	梨洲	6.9	13.6	18.1	22.6	25.2	28.5	33.0

县/区	乡镇/街道	2 年一遇	5 年一遇	10 年一遇	20 年一遇	30 年一遇	50 年一遇	100 年一遇
象山	丹东	10.6	18.2	23.2	28.0	30.8	34.3	39.0
	丹西	10.6	18.2	23.2	28.0	30.8	34.3	39.0
	爵溪	11.7	20.1	25.6	30.8	33.9	37.6	42.7
	石浦	19.5	34.1	43.9	53.4	59.0	66.0	75.4
	西周	9.1	15.7	20.0	24.1	26.6	29.5	33.6
	鹤浦	19.2	32.7	41.5	49.8	54.7	60.6	68.6
	贤庠	12.3	21.1	26.9	32.5	35.7	39.7	45.1
	定塘	9.3	16.0	20.4	24.6	27.0	30.0	34.0
	墙头	10.8	18.7	24.0	29.0	32.0	35.6	40.6
	泗洲头	11.8	20.2	25.7	31.0	34.0	37.8	42.8
	涂茨	12.0	20.5	26.0	31.3	34.4	38.2	43.3
	大徐	11.4	19.6	25.1	30.4	33.5	37.3	42.4
	新桥	12.8	21.5	27.1	32.4	35.4	39.1	44.0
	东陈	14.0	23.9	30.5	36.8	40.4	44.9	50.9
	晓塘	17.8	30.0	37.8	45.2	49.4	54.6	61.6
	黄避岙	9.8	16.7	21.2	25.5	28.0	31.0	35.1
	茅洋	11.7	20.3	26.0	31.5	34.8	38.8	44.2
	高塘岛	10.1	17.2	21.7	26.0	28.4	31.4	35.5

附录 2　宁波市重大气象灾害

2.1　干旱

　　1953 年：7、8 月夏旱严重，市区高温日数达 31 d，降水量仅有 73.7 mm，比常年少 7 成，干旱持续 40～65 d，全区 13.45 万 hm² 农田受灾，成灾 9.9 万 hm²，迷信活动抬头，农村 285 个乡村请"龙王"神。

　　1967 年：6 月 23 日至 10 月底大旱，4 个多月降水量仅 190.7 mm，偏少 7 成，慈溪 8 月滴雨未下，干旱时间长、范围广、影响重，全区农田晒白开裂，作物焦枯，12.84 万 hm² 农田受旱，成灾 11.46 万 hm²，姚江见底可行人，东钱湖底开裂，奉化江咸潮上溯至西坞，鄞江上溯至小岩山，市区自来水中断 83 d，象山大塘等地日驶 200 艘船外出运水。

　　1971 年：6 月 23 日至 9 月 3 日降水量仅 102.2 mm，偏少 6～8 成，余姚、慈溪高温日数超过 40 d，全区大旱 70 d，个别县连旱 90 d，"溪里一片石，田里一片白"，16.13 万 hm² 农田受旱，成灾 10.18 万 hm²，7 月下旬起河水断流，咸潮内泛，姚江、东钱湖、三溪浦水库水尽，因河枯水质污染平原地区及鄞县咸祥一带发生二号病。8 月 31 日至9月1日,国务院派飞机来宁波人工增雨帮助抗旱。

1988年:6月下旬至7月下旬高温伏旱,全市受旱农田3.81万hm²,10万多人饮水发生困难。9—12月秋冬连旱,降水量比常年同期偏少6成,造成春粮失种1.03万hm²,20.6万多人饮水困难,奉化、北仑每担水价达4~5元。

2003年:高温从6月30日开始,直至9月8日才结束;干旱从7月开始迅速发展,到11月30日仍未解除。高温的特点为天数多、极端气温高、持续时间长,干旱的特点是发展快范围广、影响重时间长,导致早稻高温逼熟,千粒重下降,全市受旱7.2万hm²,其中重旱2.5万hm²,干枯0.6万hm²,36.65万人饮水困难。

2.2 暴雨洪涝

1954年:5月初入梅,7月底出梅,梅季持续阴雨且多暴雨,总雨量957.3 mm,比历年同期多1.1倍,梅涝造成农田受淹2.59万hm²,成灾1.72万hm²。

1977年:受高空切变线影响,9月下旬持续阴雨,26日宁海站日雨量达285.8 mm,倒塌水库9座,山塘7座,海塘决口29处,冲垮公路13段,冲毁桥梁33座,粮食受淹107.15 t,倒房95间。

1983年:6月1日至7月18日梅期降水量531.7 mm,偏多8成,全市受淹农田2.83万hm²,早稻不实,棉花脱铃,海塘滑坡6000 m。

1988年:7月29日晚9时至30日上午9时,受海上热带云团影响,宁海、奉化、余姚、鄞县部分地区遭突发性特大暴雨袭击,宁海黄坛、杨梅岭降雨498 mm、350 mm,奉化亭下、横山水库降雨298 mm、242 mm,余姚四明山区降雨300 mm,宁海、奉化等地大批山塘、水库、堤坝、桥梁及供电、通讯设施被洪水冲毁,受灾人口52.34万人,其中无房、无粮、无衣重灾户51643人,受淹农田3.33万hm²,倒房9478间,死183人,失踪194人,老市区三江口水流湍急,大道头浮桥禁行,直接经济损失近4亿元。

1989年:8月17—25日,受冷空气和热带风暴倒槽共同影响发生持续阴雨、大到暴雨,造成大、中型水库超蓄拦洪,平原河道漫溢,全市受灾人口82万人,死3人,重伤1人,受淹农田4.25万hm²,倒房1467间,损坏19600间,损坏水利工程251处,毁船224艘,经济损失1.4亿元。

2.3 台风

1956年:8月1日24时,5612号台风在象山县南庄登陆,登陆时中心气压923 hPa,全区内陆和沿海分别出现8~10级、11~12级大风,普降暴雨、大暴雨,山区特大暴雨,海潮激涨,倒塘堤,潮水涌入,老市区街道水没过腰,三江口停舶船只漂流上江北岸外马路,交通阻隔,电厂受损停电,电话大部中断,象山南庄区海塘全线溃决,纵深10 km一片汪洋,冲毁房屋77395间,死亡3401人,受伤5614人,其中南庄区林海乡死2432人,有241户全家死亡,灾后1161户无家可归。据统计,全市倒房 11.31 万间,损坏房屋 12.9 万间,毁江海、塘坝 257 km,矸闸、水库、山塘被毁 829 处,损失渔船 486 只,淹田 12.96 万 hm²,成灾 5.63 万 hm²,受灾居民 11.45 万户,死 3625 人,伤 5957 人。

1961 年:6126 号台风 10 月 4 日在浙江三门登陆,3 日 12 时 05 分石浦站出现极大风速 52 m/s,弱冷空气与台风共同影响下全区持续降雨,过程雨量普遍为 100～200 mm,局部超过 500 mm,造成江海塘崩坍 124 处,水库冲毁 27 座,农田受淹 7.66 万 hm²,成灾 2.17 万 hm²,房屋损毁 3 万多间,公路路面被毁 110 km,死 64 人。

1962 年:6214 号台风 9 月 6 日凌晨在福建晋江登陆,4—6 日宁波过程降雨量达 200 mm 以上,最大为余姚百丈岗 674 mm,余姚县 3 日夜里进水,田地淹没,到 18 日才基本排水出田,县内 61 个公社遭灾,占全县 84%,受灾居民 78000 户,327000 人,占总人口的 64%,淹农田 3.38 万 hm²,无收 1.77 万 hm²,死 11 人。宁波全区淹农田 15.12 万 hm²,成灾 12.32 万 hm²,冲毁耕田 0.47 万 hm²,国家粮仓 186 座被淹粮食 5 万 t,毁坏仓库 96 座,毁损房屋 56772 间,冲毁公路桥梁 25 座,死 134 人。

1963 年:6312 号台风于 9 月 12 日 21 时登陆福建连江,9—15 日宁波持续降雨,过程雨量平原地区 300～400 mm,鄞县画龙、三溪浦总雨量分别达 766 mm、759 mm,主要集中在 11—13 日,12 日 24 h 雨量为 268 mm,宁波最高纪录为鄞县画龙 519 mm,主灾区奉化江流域、鄞奉平原及姚江下游平原一片汪洋,淹农田 11.11 万 hm²,成灾 5.89 万 hm²,冲毁耕田 0.15 万 hm²,毁公路桥梁 60 余座,山洪暴发,河水猛涨,112 个村庄被包围,毁房 2000 余间,死 40 人。

1974 年:7413 号台风 8 月 19 日登陆三门,北仑、石浦的极大风速分别为 33 m/s、45 m/s,过程降雨量宁海、象山分别为 227 mm、240 mm,其他地区 90～150 mm。台风登陆期间正值天文大潮,全区海塘漫顶溃决 1108 处,毁堤 71 km,151 个村庄 1.16 万户遭淹,淹农田 4.49 万 hm²,损失原盐 2.65 万 t,毁损房屋 2495 间、船舶 1223 艘,死 22 人。

1988 年:8807 号台风于 8 月 7 日 22 时 45 分在象山林海乡门前涂登陆,台风中心先后经过象山、奉化、鄞县、老市区及余姚等地,所经之处均出现伴 11～12 级大风及大到暴雨,降水量象山 111 mm、奉化 51 mm、鄞县 52 mm、余姚 51 mm。这次台风从开始影响本市到过境,仅 4 h 左右,速度快,强度大,范围小,来势猛,全市淹农田 2.48 万 hm²,受损棉田 2 万 hm²,倒房 15950 间,损毁船只 279 艘,毁堰坝碶闸 76 处,坍损江海塘 40560 m,因倒杆断杆断电线 204 条,死 29 人,失踪 13 人。经济损失约 5 亿元。

1997 年:9711 号台风于 8 月 18 日在温岭登陆后北上,强度强,范围大,又正值农历七月半的天文大潮汛,"风、雨、潮"三碰头,宁波内陆地区普遍出现 9～11 级大风,沿海海面出现 12 级以上大风,石浦站 8 级大风维持 77 h,全市平均降水量 182.5 mm,宁海在 300 mm 以上,受其影响,全市作物受淹 14.6 万 hm²,倒塌房屋 2.6 万间,冲毁桥梁 123 座、公路路基 220 km,因灾死亡 19 人,失踪 26 人,经济损失达 45.43 亿元。

2005 年:0515 号台风"卡努"9 月 11 日下午在台州市路桥区金清镇登陆,受其影响,宁波西南山区降水普遍在 200 mm 以上,其中宁海望海岗 424.5 mm,北部地区的雨量中心位于北仑,其中新碶镇雨量最大为 509.2 mm。台风导致全市 95 个乡镇不同程度受灾,受灾人口 129.9 万人,被困人口 4.5 万人,饮水困难人口 4.6 万人,直接经济损失达 41.78 亿元。2149 家工矿企业停产或半停产,公路毁坏 212 km,损坏堤防 527 处,决口 304 处。北仑区有 10 人在洪灾中不幸遇难,3 人失踪;其中 8 人死于山洪暴发。

2013 年:第 23 号台风"菲特"10 月 7 日 1 时 15 分在福建省福鼎市沙埕镇沿海登陆,受"菲特"和 24 号台风"丹娜丝"及冷空气共同影响,出现了宁波有气象记录以来过程雨量最大、雨强最强的台风暴雨,全市过程平均面雨量 357 mm,有 36 个站≥500 mm,余姚上王岗、梁辉等地超过 700 mm,沿海海面普遍出现 10~11 级大风,加之恰逢天文高潮位,宁波大部分地区出现高潮位,进而影响积水排泄,姚江水位一度达到了 5.33 m,超过警戒水位 1.56 m,为新中国成立以来最高,姚江最高水位余姚站 3.40 m,超过历史最高水位 0.47 m,城市内涝十分严重,造成全市 11 个县(市、区)148 个乡(镇、街道)248.25 万人受灾,农作物受灾面积 12 万 hm²,成灾 6.5 万 hm²,倒损房屋 2.7 万间,直接经济损失 333.62 亿元,其中余姚超过 200 亿元。

2.4 强对流

1953 年:5 月 6 日 24 时左右,余姚庵东、泗门、周朝、浒山、周巷、横河、城北等 7 个区的 28 个乡遭冰雹侵袭,最大雹径达 33 cm,一般若鸡蛋,小者如花生米,全县倒塌瓦房 22 间,草房 17 间,倒墙 4 户,伤 4 人,打破盐板 4 块,春花受灾 0.29 万 hm²,其中无收 0.2 万 hm²。

1956 年:7 月 8 日 18 时,余姚县从临山乡自西北向东南 9 个乡、镇部分地区突遭 9 级以上大风和冰雹、暴雨侵袭,东西长达 40 km,南北约 15 km,大风冰雹成带形,受灾户非常集中,全县 17 个乡受灾,倒塌瓦、草房 444 间,损坏 2000 余间,死 1 人,重伤 18 人,轻伤 34 人,损失粮食 5300 t。

1963 年:5 月 8 日 18 时冰雹袭击慈溪县,测站测得冰雹直径一般为 2 cm,最大直径 4 cm,也有片状的(球形),极大风速为 14.7 m/s。冰雹主要降在自慈溪小安乡向东至观城歧山公社,历时 1 h,共毁损房屋 627 间,受害棉花 0.27 万 hm²,春花 0.37 万 hm²,损失原盐 24 t,伤 2 人。

1973 年:6 月 27 日慈溪庵东、长河、浒山、双城、龙山一带遭龙卷风和冰雹袭击,损失盐板 13590 块及风车、水车、卤缸、盐仓等,损失原盐 363.5 t,瓦房 1908 间,草房 1530 间,12 人受伤,有 2 万 hm² 棉花叶子受损伤。7 月 10 日 15 时 15—45 分,约 30 min 内,慈溪县泗门、万胜、曹娥、镇海和庵东区的西三等 5 个公社在同一时段内遭两股龙卷风严重侵袭,损失严重。经调查,受灾社员 53 户 291 人,被风卷走和吹倒房屋 145 间,房屋受损 179 间,卷走盐板 480 块,被旋风卷起摔伤或压伤人员共计 87 人,其中 1 人死亡,重伤 31 人,轻伤 56 人。

1977 年:4 月 24 日余姚黄明、梁辉等 12 个公社的 34 个大队遭冰雹袭击,测得冰雹有重 0.85 kg、3.2 kg、3.65 kg 的。受灾 2800 户,雷击死 2 人,重伤 4 人,轻伤 115 人,大小麦、油菜、绿肥严重受损。同日,从镇海西北角汶溪开始,一直到崎头有 20 个乡也遭冰雹袭击,受害面积达 0.13 万 hm²。慈溪盐区 5 个公社 20 个大队同时受灾。

1983 年:9 月 16 日慈溪、余姚遭雷雨大风,精忠、云城、五洞闸等公社并下冰雹,雹径 3~4 cm,两个龙卷进入慈溪县,一个龙卷系从杭州湾进入余姚县万圣、镇海经慈溪县精忠、云城至潭南和余姚历山交界消失;另一个从杭州湾进入慈溪县新浦公社,经附海、五洞闸至沿海公社入海。龙卷风直径估计 200~300 m,移动路径长 20 km,风力 11 级以上,伴下雹,所经之处,棉花仆地,电杆摧折,危害慈溪 13 个公社 34 个大队,尤以精忠、云城、潭南 3 个公社 18 个大队最重。全县整幢房屋倒 451 间,使 211 户人无家可归,倒墙、断梁、揭顶以致无法居住的有 2700 户计房屋 5029 间,还有 13 个单位的 115 间房屋倒塌并严重损坏;死 9 人,重伤 76 人,轻伤 189 人;房屋家具损失 100 万元,棉花损失 50 万元。同日余姚万圣、曹娥、朗海、镇海等 4 个公社遭受龙卷风袭击损失也很惨重,坍民房 1518 间,揭顶倒墙 3509 户计 8312 间,死 10 人,重伤 69 人,折损稻棉 306.67 hm²。

1995 年:8 月 7 日 16 时左右,余姚泗门镇所属北部 4 个办事处属地,发生了以夹塘为主的冰雹袭击,致棉花花铃击落,叶片击破,严重受害田块棉花株害率达 20% 左右,塘后办事处约 266.7 hm² 棉花受害,种植的黄花梨被打碎。

2000 年:5 月 12 日,象山、宁海、奉化、余姚等地遭雷雨大风、冰雹袭击,象山损失最重,西周、下沈的南部,泗洲头的北部和茅洋、东陈的中北部近 50 个村出现罕见冰雹,持续时间约 10 min 左右,冰雹大如乒乓球和鸡蛋,小如鱼丸和黄豆,平均积雹 7~10 cm,全县农作物重灾面积 566.7 hm²,其中经济作物绝收面积逾 333.3 hm²,直接经济损失超过 250 万元,受灾最重的芭蕉村,仅毛竹一项就损失 30 万元。同日 21 时宁海局部地区降雹并伴有偏北大风,大佳何袁村、高湖塘等灾情明显,该地养殖海塘、毛竹及茶叶等遭到严重影响,经济损失 220 万元。

2003 年:7 月 10 日下午 16 时许,奉化出现雷暴天气,有 5 人遭遇雷击,其中 3 人身亡,2 人昏迷。

2006 年:6 月 10 日受飑线系统影响,宁波 114 个中尺度自动站中有 86 个出现 8 级以上的大风,其中 17 个出现 10 级以上的大风,最大的是余姚芝山,达 32.8 m/s,余姚、东钱湖、北仑等地出现冰雹,个别有鸡蛋大小。9 月 1 日,余姚临山镇和黄家埠镇遭雷击,多处房屋顶被击坏,击毁电视机 39 台、电脑 5 台、空调 1 台及一些网络设备。

2.5 连阴雨

1958 年:5 月 1—23 日全区多阴雨,降水量北部约 200 mm,南部 250 mm,雨日为15～17 d,气温比常年偏低2℃以上,日照时数不足常年一半,全区稻瘟病盛行,慈溪苗瘟、叶瘟达18.1%,穗发率仅1.2%,损失1020 t。

1970年:8月29日至9月10日几乎天天有雨,气温偏高,晚稻病害重,慈溪稻瘟病穗发率36.4%～100%,中度瘟0.93万hm²,叶瘟0.40万hm²,冬糯稻、"农垦58"发病严重,损失2575 t;另外,棉花因阴雨多、日照少烂铃率达50%以上。

1975年:4月5—20日连续阴雨,特别是中旬连日无光照,油菜严重渍害单产低,早稻秧田板结移栽迟,麦类赤霉病大流行,大小麦严重减产。

1981年:9月10—14日低温连阴雨,连续3 d≤20℃的秋季低温初日比历年提早21 d,晚稻抽穗延迟、结实率降低,棉花烂铃,9月20—26日连续阴雨寡照,粮棉作物受淹,全区因稻瘟病损失粮食22185 t,慈溪棉花65.5%烂铃,并诱发1.77万hm²棉花枯萎病。

1998年:1997年11月13日至1998年3月出现罕见的冬汛连春汛。1997年11月13日至12月7日,全市连续阴雨,总雨量平均为230.1 mm,临近隆冬的12月19日开始至1998年春3月又是阴雨绵绵,日照极少,期间出现了5次长连阴雨间有大雨、暴雨天气,1997年11月中旬至1998年2月中旬连续十旬雨水明显偏多,鄞县总雨量达615.7 mm,是常年的302%。罕见的冬汛、春汛使江河水位奇高,水库满蓄,全市24处千万立方米以上水库有10处超控制水位,余姚四明湖水库出现了自建库以来的最高水位,超出1994年6月24日梅涝洪水位1 cm;绝大多数平原地区严重积水,低洼地区形成水涝,不仅当年晚稻丰产不丰收,而且使得全市高标准海塘建设、修复等工程进度放慢,并造成桔子花芽分化不良,春花作物遭受严重渍害。

2014年:8月出现持续低温阴雨寡照天气,期间除少数时段出现短时间日照外,其余时段多为连阴雨,主要特点如下:①8月宁波的平均降水量317 mm,较常年偏多6.5成,为1956年以来第二多,其中鄞州破历史最高纪录;全市平均降水日数20 d,较常年偏多5 d,为历史排名第四多;②8月宁波平均日照时数109 h,仅为常年5成,为历史同期第二少。积温、日照异常偏少造成晚稻生长量不足,7月底以后插种的双季晚稻分蘖偏少,适温高湿的气象条件较有利于"两迁"害虫和稻瘟病的暴发,单季晚稻病虫害局部大发生,且连续降水造成防治困难,部分田块绝收。

2.6 冷害雪害

1964年:2月17—25日平均气温维持在−0.9～1.8℃之间,连续9 d雪(雨)天气,其中19日下午开始全区普降暴雪,鄞县、余姚、奉化降雪量分别为28.5 mm、26.9 mm、23.1 mm,其他各县12～20 mm,全区积雪天数北部为9～11 d,南部5～6 d,最大积雪深度8～14 cm,造成春花作物及山林特产、毛竹受到严重影响,电杆折断致停电、停通讯,又造成交通一度中断,其中余姚县房屋倒掉3421间,死牛54只、猪185只、羊324只;大豆损失较严重,光临山大队折断压伤占35%,林特产、毛竹影响占80%,全县7500 t毛竹受损,对果树、茶树也有不同程度影响;电话线断杆

54 根,倒杆 484 根,断线 500 多档区,县到区 9 条线路 7 条不通,50％公社电话不通,县至区有 20 档左右广播线中断,汽车运输停业一天。

1984 年:1 月 15 日至 2 月 10 日,全区北部降雪(雨)达 17～21 d,南部 15 d,平原积雪深度 10 cm,奉化最大 14 cm,山区积雪 10～30 cm,局部达 45～100 cm,余姚平原交通中断半天,山区中断一月有余,大批毛竹压断,压断电杆 615 根,造成全县停电、停讯、停广播,严重影响工农业生产和人民生活。鄞县因大雪压塌新旧房屋 321 间、猪牛舍 820 间,牛羊猪压死、饿死、冻死共 86 只,压断小竹、毛竹共约 50 万株,因房子压倒致受灾人口 1052 人,"三线"中断全县 39 条,高压线中断电源的就有 26 条,公路交通也有中断发生。

1998 年:3 月 19—21 日出现的寒潮,市区 48 h 降温达 13.8℃,全市出现了大范围的降雪、雷暴、冻雨天气,受此影响,交通事故突增,部分山区因电线电杆被压断使供电中断达 3 d 之久,这种春分时节的强降温,导致榨菜根茎膨大受阻,竹笋春发困难,油菜结实率下降,樱桃、梨、李、桃等花瓣被冻伤,山区毛竹部分被压断,全市有 2000 只蔬菜大棚被雪压塌,明前茶损失一半以上。

2008 年:1 月 13 日至 2 月中旬,宁波出现了罕见的低温雨雪冰冻天气,1 月 13 日至 2 月 20 日、2 月 24—28 日 400 m 以上高山均出现了持续低温冰冻,2 月 13 日四明山最低气温达 −10.0℃,其他海拔较高的山区也在 −7℃以下。1 月 28 日夜里到 29 日各地山区出现冻雨,2 月 1—2 日部分山区出现冻雨,各地出现大雪,四明山区积雪深度达 40 cm,部分地区厚达 1 m,四明山镇冰封达 33 d。这次低温雨雪冰冻灾害影响范围大,持续时间长,破坏的严重程度历史罕见,尤以电力、交通、农业为最。据民政部门统计,全市共有受灾人口 46 万人,以山区为主。农作物受灾总面积为 6.6 万 hm^2,其中成灾 1.9 万 hm^2,造成农业经济损失达 2.3 亿元。

附录3　1956 年以来对宁波地区影响较大的台风列表

年序号	台风编号	登陆地点	影响时间	风雨情况	
				最大过程降水量(mm)	极大风速(m·s⁻¹)
5612		象山南庄	1956 年 7 月 31 日至 8 月 2 日	121.4	
5626		福建厦门	1956 年 9 月 15—21 日	329.4	
5820		福建惠安	1958 年 8 月 26 日至 9 月 1 日	313.0	
5915	5905	福建连江	1959 年 9 月 4—6 日	201.6	28.9
6011	6007	福建连江	1960 年 7 月 31 日至 8 月 5 日	209.0	31.5
6133	6126	浙江三门	1961 年 10 月 3—4 日	275.2	52.3
6220	6214	福建晋江	1962 年 9 月 4—7 日	566.7	34.0
6320	6312	福建连江	1963 年 9 月 10—13 日	419.3	35.3

年序号	台风编号	登陆地点	影响时间	风雨情况	
				最大过程降水量(mm)	极大风速(m·s⁻¹)
6621	6615	福建霞浦	1966 年 9 月 4—8 日	344.5	27.6
6918	6910	北上	1969 年 9 月 13—15 日	168.8	18.7
7132	7122	福建惠安	1971 年 9 月 18—20 日	155.7	32.8
7418	7413	浙江三门	1974 年 8 月 18—21 日	242.1	44.6
7509	7504	浙江温岭	1975 年 8 月 10—13 日	153.3	37.0
7619	7615	北上	1976 年 8 月 21—22 日	193.2	18.7
7712	7707	北上	1977 年 8 月 20—23 日	285.8	27.5
7808	7805	浙江宁海	1978 年 7 月 22—23 日	34.7	45.8
7824	7815	北上	1978 年 9 月 11—14 日	152.9	20.5
8121	8116	广东陆丰	1981 年 8 月 30 日至 9 月 3 日	205.7	22.0
8511	8506	浙江玉环	1985 年 7 月 29 日至 8 月 1 日	167.3	33.0
8715	8712	福建晋江	1987 年 9 月 9—11 日	296.8	27.3
8811	8807	浙江象山	1988 年 8 月 7—9 日	99.7	39.2
8911	8909	浙江象山	1989 年 7 月 20—23 日	99.0	57.9
8926	8921	福建霞浦	1989 年 7 月 20—21 日	207.2	26.9
9022	9015	浙江椒江	1990 年 8 月 30 日至 9 月 1 日	271.1	54.1
9217	9216	福建长乐	1992 年 8 月 27 日至 9 月 2 日	496.6	29.6
9403	9403	广东徐闻	1994 年 6 月 9—11 日	194.1	20.4
9714	9711	温岭石塘	1997 年 8 月 16—20 日	327.0	33.8
9810	9806	浙江普陀	1998 年 9 月 19—21 日	121.5	34.4
9923	9914	福建龙海	1999 年 10 月 9—11 日	256.3	17.3
0012	0008	象山爵溪	2000 年 8 月 10—12 日	158.7	31.0
0018	0014	北上	2000 年 9 月 13—15 日	302.1	30.6
0102	0102	福建福清	2001 年 6 月 23—26 日	253.5	32.7
0417	0414	温岭石塘	2004 年 8 月 11—13 日	175.5	41.9
0425	0421	温州龙湾	2004 年 9 月 12—14 日	199.9	19.8
0509	0509	浙江玉环	2005 年 8 月 5—7 日	411.4	43.5
0515	0515	浙江路桥	2005 年 9 月 11—13 日	505.3	47.2
0716	0716	浙江苍南—福建福鼎	2007 年 10 月 6—9 日	497.6	28.1
0908	0908	福建霞浦	2009 年 8 月 8—10 日	463.8	32.6
1211	1211	象山鹤浦	2012 年 8 月 6—9 日	539.5	36.8
1323	1323	福鼎沙埕	2013 年 10 月 5—9 日	788.7	32.4
1416	1416	象山鹤浦	2014 年 9 月 21—23 日	326.9	35.3
1513	1513	福建莆田	2015 年 7 月 10—12 日	544.4	49.3
1521	1521	福建莆田	2015 年 9 月 28—30 日	406.2	24.6